"智能科学技术著作丛书"编委会

智能科学技术著作丛书

面向森林生长的建模、计算和仿真技术

范 菁 董天阳 著

科学出版社

北 京

内 容 简 介

本书以虚拟森林仿真中的生长计算加速和场景快速可视化技术为线索，结合森林生长的知识建模和数据组织，详细阐述虚拟森林快速仿真方向研究的前沿技术。全书共 7 章，第 1 章介绍森林生长仿真技术的发展与现状，引出森林生长仿真中存在的问题；第 2 章描述森林生长仿真的知识表达，通过对森林知识建模为虚拟森林生长的快速仿真提供基础；第 3 章阐述大规模森林场景数据的组织算法；第 4 章介绍大规模虚拟森林生长模型的加速计算；第 5 章从三维树木叶片模型简化、大规模森林场景的快速漫游算法等方面介绍支持虚拟森林快速仿真的可视化技术；第 6 章探讨一种基于 LiDAR 点云数据的单木检测算法；第 7 章探讨虚拟森林仿真系统的构件化集成技术。

本书可以作为计算机、软件工程类专业研究生的参考书，也可供从事虚拟仿真技术研究与应用的科技人员阅读和参考。

图书在版编目(CIP)数据

面向森林生长的建模、计算和仿真技术 / 范菁，董天阳著. —北京：科学出版社，2024.3

(智能科学技术著作丛书)

ISBN 978-7-03-078058-4

Ⅰ. ①面… Ⅱ. ①范… ②董… Ⅲ. ①数字技术-应用-森林-植物生长-可视化仿真 Ⅳ. ①S718-39

中国国家版本馆CIP数据核字(2024)第024622号

责任编辑：朱英彪 李 娜 / 责任校对：任苗苗
责任印制：肖 兴 / 封面设计：陈 敬

科学出版社 出版

北京东黄城根北街 16 号
邮政编码：100717
http://www.sciencep.com

北京中科印刷有限公司 印刷
科学出版社发行 各地新华书店经销

*

2024 年 3 月第 一 版 开本：720×1000 1/16
2024 年 3 月第一次印刷 印张：13
字数：262 000

定价：108.00 元

（如有印装质量问题，我社负责调换）

"智能科学技术著作丛书"序

智能是信息的精彩结晶，智能科学技术是信息科学技术的辉煌篇章，智能化是信息化发展的新动向、新阶段。

智能科学技术(intelligence science and technology，IST)是关于广义智能的理论算法和应用技术的综合性科学技术领域，其研究对象包括：

(1) 自然智能(natural intelligence，NI)，包括人的智能(human intelligence，HI)及其他生物智能(biological intelligence，BI)。

(2) 人工智能(artificial intelligence，AI)，包括机器智能(machine intelligence，MI)与智能机器(intelligent machine，IM)。

(3) 集成智能(integrated intelligence，II)，即人的智能与机器智能人机互补的集成智能。

(4) 协同智能(cooperative intelligence，CI)，指个体智能相互协调共生的群体协同智能。

(5) 分布智能(distributed intelligence，DI)，如广域信息网、分散大系统的分布式智能。

人工智能学科自 1956 年诞生以来，在起伏、曲折的科学征途上不断前进、发展，从狭义人工智能走向广义人工智能，从个体人工智能走向群体人工智能，从集中式人工智能到分布式人工智能，在理论算法研究和应用技术开发方面都取得了重大进展。如果说当年人工智能学科的诞生是生物科学技术与信息科学技术、系统科学技术的一次成功的结合，那么可以认为，现在智能科学技术领域的兴起是在信息化、网络化时代又一次新的多学科交融。

1981 年，中国人工智能学会(Chinese Association for Artificial Intelligence，CAAI)正式成立，25 年来，从艰苦创业到成长壮大，从学习跟踪到自主研发，团结我国广大学者，在人工智能的研究开发及应用方面取得了显著进展，促进了智能科学技术的发展。在华夏文化与东方哲学影响下，我国智能科学技术的研究、开发及应用，在学术思想与科学算法上，具有综合性、整体性、协调性的特色，在理论算法研究与应用技术开发方面，取得了具有创新性、开拓性的成果。智能化已成为当前新技术、新产品的发展方向和显著标志。

为了适时总结、交流、宣传我国学者在智能科学技术领域的研究开发及应用成果，中国人工智能学会与科学出版社合作编辑出版"智能科学技术著作丛书"。

需要强调的是，这套丛书将优先出版那些有助于将科学技术转化为生产力以及对社会和国民经济建设有重大作用和应用前景的著作。

我们相信，有广大智能科学技术工作者的积极参与和大力支持，以及编委们的共同努力，"智能科学技术著作丛书"将为繁荣我国智能科学技术事业、增强自主创新能力、建设创新型国家做出应有的贡献。

祝"智能科学技术著作丛书"出版，特赋贺诗一首：

智能科技领域广

人机集成智能强

群体智能协同好

智能创新更辉煌

涂序彦

中国人工智能学会荣誉理事长

2005 年 12 月 18 日

前　　言

　　森林资源在生态环境中起着非常重要的作用，如何对森林资源进行合理、有效的利用和保护引起了各国政府的高度重视。然而，森林演化是一个漫长而复杂的过程，人们很难直接利用实验对森林资源进行管理与预测。因此，利用虚拟仿真技术对森林动态生长过程进行模拟，发挥其直观性和及时性的特点，成为当今虚拟仿真应用中的一项重要内容。

　　快速进行森林生长模型计算，并采用真实感强的三维树木模型，实现具有较高逼真度的森林场景可视化，可以使森林管理者直观了解不同生长阶段下的虚拟森林环境，为森林经营决策、森林景观规划等提供一种可视化的辅助工具。由于森林生长场景具有动态性、广泛性、复杂性等特点，如何在保持数据准确性和视觉感知效果的基础上对虚拟森林的生长进行快速仿真，成为各国研究人员关注的焦点。

　　本书正是在对虚拟森林生长快速仿真技术开展长期研究的基础上撰写而成的，融知识性、理论性、实践性于一体，不仅可使读者对森林生长模型有具体的认识，也能为相关研究者在已有研究成果的基础上进一步开展森林生长仿真技术的创新研究和开发提供空间。本书以虚拟森林生长快速仿真中的生长模型计算加速和场景快速可视化技术为线索，结合森林生长知识表达方法和数据组织技术，详细阐述虚拟森林生长快速仿真相关的关键技术。书中从单木、种群、群落的生长过程和特点出发，描述虚拟森林仿真的知识表达方法以及面向虚拟森林快速仿真的空间数据组织方法；在此基础上，深入探讨适用于大规模虚拟森林仿真的生长模型加速计算方法和保持视觉感知效果的森林场景快速可视化技术；然后探讨如何利用遥感技术实现复杂时空尺度的森林生态系统仿真，提出一种基于梯度方向聚类的 LiDAR 点云数据的单木检测算法；最后采用仿真构件的思想对业务流程驱动的森林仿真构件组装与集成技术进行探索，为虚拟森林仿真系统的快速构建提供支撑。

　　本书涉及的科研成果是在国家自然科学基金项目(62072405, 61672464, 61572437, 61202202, 61173097, 61003265, 60773116, 60403046)、浙江省自然科学基金重点项目(Z1090459)、浙江省重点科技创新团队项目(2009R50009)等的支持下取得的。感谢参与项目研究的汤颖、沈瑛和吴炜老师，以及官馨馨、李文杰、陈巧红、苏中原、范允易、嵇海锋、夏佳佳、高思斌、余维泽等研究生，其相关研究工作为本书的撰写提供了许多有价值的素材。

　　由于作者知识和经验积累有限，书中难免存在不妥之处，恳请各位专家与读者批评指正。

目　　录

第1章　森林生长仿真技术的发展与现状

1.1　森林生长仿真技术的发展

森林是地球上最庞大、最复杂的具有多物种、多功能与多效益的生态系统。构成森林的各种植物的生命活动与表现过程会对当地及周围的环境产生影响，也与人类的生活和生存息息相关。由于已有的天然林资源不能满足日益增长的需求，世界各国纷纷投资营造人工林。目前我国人工林建设存在诸多问题，如造林合格率低、最终蓄积量低等，所以研究森林生长演化的科学规律，提高森林经营管理水平，具有重要的理论意义和应用价值。

传统的森林经营算法是通过森林资源调查对调查数据进行统计、分析，得出一些文字、图表或简单的二维表格，作为森林调查资料的最终表现形式。由于森林生态系统变化缓慢，更新周期长，并且森林的变化具有不可逆性，所以采用常规的实验算法研究森林生长规律和经营管理效果，不仅实验周期长，而且耗费大量的人力、财力。随着 3S 技术(地理信息系统、遥感和全球定位系统)、网络技术、计算机技术等现代信息技术在林业生产管理中的不断应用，数字林业得到了迅速发展。数字林业的建设目的是为林业构造一个统一的立体的开放式信息集成系统，推动营林、森林保护、林业管理、林产工业等技术的信息化进程，为林业和全社会提供信息服务。

森林生长仿真是数字林业的重要内容，主要作用是根据森林中树木生长、更新和死亡的规律，模拟森林群落的成长过程和变化机理，预测森林未来的生长发展趋势，并利用三维显示等可视化技术对森林环境进行呈现，从而使得林业管理者能够在这些信息的辅助下做出正确的决策，采取合适的经营措施。

1.2　森林生长仿真技术的现状

森林生态系统作为陆地生态系统的主体，是陆地上面积最大、分布最广、组成结构最复杂、物质资源最丰富的生态系统。森林植被的组成、结构及其动态变化一直是森林生态学研究的热点。由于构成森林生态系统主体的树木种类多、数量大、寿命长，其动态变化过程具有时间跨度和空间尺度大的特性，要对森林生态系统的生长过程进行模拟非常困难，所以对虚拟森林生长仿真技术的研究是一项具有挑战性的工作。近年来，国内外的研究人员在森林生长仿真的建模算法、形态表示、数据管理和系统构建等方面开展了相关研究。

1.2.1　森林生长仿真的建模算法

1. 知识建模

由于森林动态生长环境的复杂性和森林中植物种类的多样性，无论是采用数值化的算法对森林动态生长进行模拟，还是针对森林中单木的生长形态进行可视化仿真，都需要对森林生长过程中的知识进行建模。从一般意义上讲，知识建模是指为描述世界所做的一组约定，是知识的符号化、形式化或模型化。不同的知识表达算法，是不同的形式化的知识模型。知识表示的研究既要考虑知识的表示与存储，又要考虑知识的使用。

森林生长仿真的知识表示是将森林动态生长过程中的知识进行抽象，按照某种知识表达算法对知识进行形式化描述，使之成为计算机能处理的数据结构。

常见的面向知识建模的表达算法有如下几种[1]。

1)产生式系统表示法

产生式系统(production system)表示法是常用的知识表达算法之一。它是依据人类大脑记忆模式中各种知识间大量存在的因果关系，以"IF-THEN"的形式，即产生式规则表示出来[2]。在产生式系统中，知识分为两部分：事实，表示静态知识，如事物、事件和它们之间的关系；产生式规则，表示推理过程和行为。产生式规则的如果(IF)部分称为条件、前项或产生式的左边，说明应用该规则必须满足的条件；那么(THEN)部分称为操作、结果、后项或产生式的右边，表示条件满足后可以执行的内容。产生式规则的两边可采用谓词逻辑、符号和语言的形式，或者用很复杂的过程语句来表示。

整个产生式系统由三部分组成，即总数据库(或全局数据库)、产生式规则和控制策略[3]，各部分之间的关系如图 1.1 所示。总数据库也称为上下文、当前数据库或暂时存储器，根据总数据库的条件可以启用相应的产生式规则。产生式规则用于存放与求解问题有关的某个领域知识的规则的集合及其交换规则。执行产生式规则的操作会引起总数据库的变化，这可能会使其他产生式规则的条件得到满足。控制策略是推理机构，由一组程序组成，用来控制产生式系统的运行，决定问题求解过程的推理线路，实现对问题的求解。控制策略的作用是说明下一步应该选用什么规则，也就是如何应用规则。通常从选择规则到执行操作有匹配、冲突解决和操作三个步骤。

产生式系统在植物建模领域的主要应用是 L 系统(L-system)。1968 年，匈牙利生物学家 Lindenmayer[4]使用形式化语言模拟多细胞组织的生长过程，这就是 L 系统的雏形。L 系统以自动机理论为基础，用字符串序列来表示细胞的状态，

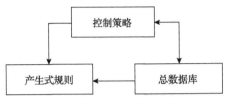

图 1.1　产生式系统的主要组成

通过字符串序列的变化来描述人工生命形态的生成过程。从本质上讲，L 系统是一个产生式系统，通过对植物对象生长过程的经验进行概括和抽象，创建产生式规则，根据初始状态对产生式规则进行有限次迭代，以生成字符串序列来表现植物的拓扑结构。对产生的字符串序列进行几何解释，就能生成非常复杂的分形图形。

　　加拿大卡尔加里大学的 Prusinkiewicz 等[5]利用 L 系统在植物虚拟仿真领域做出了杰出的贡献。他们不仅对采用 L 系统模拟植物进行了深入研究，还在研究过程中对 L 系统理论进行了扩展，并针对植物虚拟仿真的特点，开发出 L+C 建模语言(L+C modeling language)。以 Prusinkiewicz 教授为首的工作小组还在硅图公司(SGI)的工作站开发出基于 UNIX 系统的虚拟植物实验室和植物分形产生器，以及基于 Windows 的 L-Studio 系统(图 1.2)。这些系统通过编译植物对应的 L 文法，使用 L+C 建模语言实现对不同类型植物的模拟，并且能够用简单动画的形式表现出植物生长的过程[6]。

图 1.2　L-Studio 系统的一个简单例子

德国卡尔斯鲁厄理工学院开发的 Xfrog 软件使用 L 系统(组件式)实现植物的

拓扑结构[7]。该软件定义了一些表示植物器官、植物结构、全局变量和功能函数的小图符，每个图符与描述其具体属性的参数表对应。这些图符是构筑植物结构的部件，用户通过组合这些图符就能生成相应的植物，如图 1.3 所示。

图 1.3　Xfrog 软件模拟的枫树

中国农业大学运用 L 系统建立了不同土壤水分条件下小麦根系生长发育的三维可视化模型，并与北方工业大学计算机辅助设计(computer aided design, CAD)中心合作，实现了理想条件下冬小麦苗期生长的三维动画模拟[8]。

2)框架表示法

框架理论于 1975 年被提出，经常作为理解视觉、自然语言对话及其他复杂行为的基础。框架表示法是在框架理论基础上发展起来的一种结构化的知识表达算法，现已在多种系统中得到广泛应用。框架是一种描述对象属性的数据结构，是知识表示的一个基本单位。一个框架由若干个槽组成，每一个槽又可根据实际情况划分为若干个侧面。一个槽用于描述对象某一方面的属性，一个侧面用于描述相应属性的一个方面。槽和侧面具有的属性值分别称为槽值和侧面值，槽值和侧面值可以是另一个框架的名称。

在用框架表示的知识系统中，问题的求解主要是通过匹配与填槽实现的。当要求解某个问题时，首先把这个问题用一个框架表示出来，然后通过与知识库中已有的框架进行匹配，找出一个或几个可匹配的预选框架作为初步假设，并在此初步假设的引导下收集进一步的信息，最后用某种评价算法对预选框架进行评价，以决定是否接受它。

框架与产生式系统相结合的知识表达算法已经成功运用到农作物的生长模拟中，主要用来模拟小麦、水稻、棉花等农作物的生长以及栽培管理。河南农业大学的席磊等[9]提出使用描述框架定义问题域涉及的因素，使用规则组描述问题域内求解的问题；基于这种知识表示技术，设计实现了农业专家系统开发工具的知识管理子系统，并给出知识管理子系统中因素分类、知识检测、知识求精和知识发现等构件的实现算法。

3）面向对象的知识表达算法

用面向对象的类或对象表示知识的算法，都可以称为面向对象的知识表达（object-oriented knowledge representation, OOKR）算法。面向对象的知识表达算法是以对象为中心来组织知识库系统结构的，对象（object）是面向对象的知识表达算法的主体，是知识库的基本单元。一个对象应包括问题描述框架、知识和知识处理算法，即

$$对象 = 问题描述框架 + 知识 + 知识处理算法$$

面向对象的知识表达算法中另一个重要概念是对象类（object class）。将具有相同结构、操作，并遵守相同约束规则的对象集成一组，这组对象的抽象称为对象类。对象类中的一个具体对象称为对象实例。每个对象类都定义了一组算法，实际上可将其视为允许作用于该类对象上的各种操作。对象类实现了数据与操作的封装[10]。面向对象的知识表达算法的主要特征为模块性、继承性、封装性、多态性和易维护性。

面向对象的知识表达算法在植物生长仿真中也有相应应用。法国国际发展农业研究中心通过观察植物的结构获得了植物形式和结构的定性理解，然后定量地测量表示植物形态的数据，并采用面向对象的知识表达算法进行表示，由此制作模型参数表，最后在场景中生成植物的图形。云南农业大学的彭琳等[11]通过将面向对象和产生式相结合的知识表达算法，以甜玉米病虫害诊断专家系统的知识表示为例，详细介绍了面向对象的知识表达算法的专家系统的具体实现算法。

4）本体表达算法

本体的概念最初起源于哲学领域，在哲学领域把本体定义为对世界上客观存在物的系统描述，即存在论[12]。近十几年来，本体的相关研究日益成熟，也远远超过了哲学领域的范畴，与信息技术、知识工程及人工智能都有密切关系。在本体的众多定义中，最著名且引用最为广泛的是由 Gruber[13]提出的，他采用概念化的形式定义 $\langle D,R \rangle$ 结构，把本体解释成共享概念化的明确的形式化规范，其中 D 是领域，R 是 D 中相关的关系集合，因此该定义能够很好地表现出本体的本质特性。本体论是通过交互各方（人或程序）对特定领域内共用的词汇、术语及其分类建立一致的认可和理解，进行知识的共享和重用的思想[12]。

目前，本体技术在很多领域得到了应用。国内比较有影响的是中国科学院数学研究所的陆汝钤等[14,15]对于常识知识的实用性研究，其主要目的是建立一个大规模的常识知识库 Pangu，并探讨如何利用常识知识来解决一些实际问题（如机器

翻译和自然语言理解等)。中国科学院计算技术研究所曹存根等[16-18]的大规模知识系统的研究也有深远意义[19]。另外,浙江大学人工智能研究所开发出一些基于领域本体的医疗信息管理系统[20,21]。本体在植物知识建模领域的应用还处于初级阶段。植物本体联盟(Plant Ontology Consortium, POC)主导的项目主要从植物结构和植物生长发育两个方面完成对植物本体库的构建[22-24]。POC 构建的植物本体概念清楚、关系明朗,有助于用户对植物知识进行查询,但是直接应用于植物仿真领域还存在问题,例如,POC 构建的本体库所提供的植物概念和植物属性很难直接作为植物的仿真参数。

2. 森林数值化生长模型

1)森林数值化生长模型的发展历史

传统的森林动态仿真以数值化算法进行生长过程的模拟,采用的工具是图表,以收获表(即生长过程表)最为典型。收获表是以表格的形式对某一地域按不同的林分级、地位级分别记载不同生长阶段的林分因子(如密度、平均直径和蓄积量等)的一种算法[25]。在我国,收获表是从 1940 年开始出现的[26]。收获表的应用是林业长远规划的需要,随着收获表的不断编制,数学公式开始得到应用。

随着回归分析技术应用到森林生长和收获的研究中,森林动态模拟算法进入一个新时期,开始出现可变密度收获表。回归分析技术的应用使收获表在编制上有了规范和统一的数学算法,在应用格式上又添加了除图表以外的数学公式(即通常所说的生长函数或收获模型),从而提高了收获表的编制精度。20 世纪 40～50 年代,数据管理、计算机技术以及数量科学产生了突破性进展,给收获表的研制带来了一场革命。这时人们首次使用计算器和简单的电子计算机处理大批量的积累数据,同时实现了函数的比较与选优,而且表格形式比以前灵活,修正起来也比以前容易。在使用电子计算机编制收获表的同时,人们逐渐使用计算机自动执行应用过程,以人机对话的输入输出形式代替纸上的表格,这就是初步计算机化的收获模型。其用途主要有两个:一是对木材产量进行预估;二是对不同的经营方式进行评价。随着计算机计算能力的提高,人们从 20 世纪 60 年代初开始应用复杂的数学方程构造复杂的生长函数,其中包括开始应用的差分方程和微分方程,并构造了各种各样的全林分模型,这标志着全林分模型进入了计算机模拟时代。同时,一个以单木为模拟单元,考虑林木间距离的空间竞争模型问世。空间竞争模型也称为与距离有关的单木模型。采用单木模型的模拟算法是传统的森林收获模型向计算机模型转化的转折点。1966 年,Usher[27]建立了比单木模型简单、比全林分模型详细的径阶转移模型,该模型直接受动物种群年龄结构模型的启发。从此,各种各样的计算机模型不断问世。

20 世纪 70 年代后,大量的森林生长模型开始应用,已有的森林生长模型也得到许多改进。例如，在径阶转移模型上，径阶转移概率由常数转化为变量，而且把森林最大收获量的计算与计算数学中的线性规划联系起来，在空间竞争模型上构造更多的竞争指数，发明了更加灵活的样方边界模拟算法。该时期也出现了一些新模型，如林窗模型和树种更替的马尔可夫模型。20 世纪 80 年代后，基本上没有出现具有突破性意义的新模型，大多都是对现有森林生长模型的改进。

我国在森林动态模拟方面的研究起步较晚，20 世纪 80 年代出现了几个重要的森林生长模型，如邵国凡[28]提出的空间竞争模型、孟宪宇等[29]提出的直径分布模型，建立的大多数模型是基于用途比较广的树种，如马尾松、杉木和落叶松等。

2）森林数值化生长模型的分类

在林业生产和森林生态学研究过程中，由于规划和预测的需要，人们建立了大量的数学模型和计算机模型，其中森林动态模型是一类非常重要的林业模型。构成森林生态系统主体的乔木个体大、寿命长，其动态变化涉及的空间尺度大、时间范围长，因而系统建模和模拟就成为研究这类自然现象的一种必要方法。森林动态模型可以模拟和预测森林群落发生、发展的过程，以及变化的速度和机理。Dale 等[30]把森林动态模型分为两类：森林生长模型，用于预测林木的生长和收获；生态学模型，用于评价群落对环境影响的反应。桑卫国等[31]以 Dale 等的分类算法为基础，参考 Prentice 等[32,33]的分类观点，并根据模型的特性将森林动态模型分为森林生长模型和演替模型。森林生长模型利用环境条件不变时的树木特征数据，预测较短时间内的林分动态过程，一般可以预测一代树木生长。演替模型包含环境变化过程的函数，因而能预测长时间（一个世纪到几个世纪）的森林变化。森林生长模型主要是基于森林经营需要以及纯粹商业上的木材产量预测而发展起来的，要求预测精度很高，必须用实际调查数据进行检验。1987 年的世界林分生长模型和模拟会议上指出，森林生长模型是指一个或一组数学函数，可以描述林木生长与森林状态和立地条件的关系。演替模型用来解释森林演替机制和解决演替机制中的生态学理论问题，对其检验大多是进行趋势性预测，不进行预估结果的精度分析。

（1）森林生长模型。

森林生长模型是群落动态模型中理论最完善、类型最多样的一类。根据模型模拟对象的尺度将森林生长模型分为三类：全林分模型、林分级模型和单木模型[33]。

①全林分模型。全林分模型选择林分总体特征指标作为模拟的基础，将林分的生长量或收获量作为林分特征因子，以林龄、立地、密度及经营措施等的函数来预估将来林分的生长和收获。全林分模型又可分为与密度无关的全林分模型和与密度有关的全林分模型两类，二者的区别在于是否将林分密度作为自变量。传统的正常收获表及经验收获表均属于与密度无关的全林分模型。可变密度生长和收获模型则以密度为自变量，林分密度通常用单位面积的棵数、断面积、树冠竞

争因子和相对密度等来表示。

②林分级模型。林分级模型将林木分级，以林分级为模拟的基本单位，是全林分模型(单级)和单木模型(每个树木分一级)的一种中间过渡模型。林分不必按森林调查中的固定分级方式来进行，一般采用生态学中的分簇方式进行。预测算法主要有林分预估算法，即未来林分直径分布通过当前林木直径分布中每一级生长的算法来预估，每一级中的直径分布或从生长方程中预估，或用林分生长数据库中的数据直接预测，预测结果以各个级的生长量来表示。

③单木模型。单木模型模拟林分中的每棵树木，一般是从林木竞争机制出发，模拟林分内每棵树木的生长过程。单木模型与全林分模型的区别在于林木间竞争的考虑方式不同。全林分模型是以林龄、立地、密度及经营措施等的函数来预估将来林分的生长和收获的，可以直接提供单位面积的收获量。全林分模型以林分为一个整体来考虑阳光、水分、养分等资源的竞争情况，强调全林分总体指标的预估。在单木模型中，竞争指标主要通过分析竞争圈内林木对生长空间的竞争关系来构造，单木竞争指标是描述某一林木由于受周围竞争木的影响而承受竞争压力的数量尺度。竞争指标构造的好坏直接影响到单木模型的性能和使用效果，因此如何构造竞争指标成为建立单木模型的关键。一般根据是否把林木间的距离作为构成指标的因子，分为与距离有关的竞争指标和与距离无关的竞争指标两类。

(2)演替模型。

一般在建立演替模型时常把演替理论和观点以不同的形式反映到数学模型中。早期生态学家的演替理论，如 Clements[34]的物种动态作用理论、Cleason[35]的动态系统物种特征的重要性理论、Tansley[36]的生态系统概念理论和 Watt[37]的系统内部动态和空间格局关系理论，均为建立演替模型的基础。演替模型主要分为两类：以马尔可夫过程为基础的转移概率模型和林窗模型。

①以马尔可夫过程为基础的转移概率模型。早期的演替模型以马尔可夫过程为主，生态学文献中有大量基于马尔可夫理论的随机模型，这些模型中较有影响的是文献[38]~[40]发展的森林动态模型。文献[38]对以马尔可夫过程为基础的转移概率模型的发展做出了重要贡献，而文献[39]、[40]的森林动态模型影响更为广泛，奠定了以马尔可夫过程为基础的转移概率模型在植被演替研究中的重要地位。近年来，以马尔可夫过程为基础的转移概率模型广泛应用在植物群落演替动态模拟中，并在模拟时考虑了外部干扰、空间异质性等过程。

以马尔可夫过程为基础的转移概率模型明确或隐含地包含如下假设：第一，演替是一种随机的而不是确定性的过程。第二，演替从一个阶段到另一个阶段的转移概率只依赖现在的状态，而与先前的状态无关，也即历史因素对演替的影响甚微，可以忽略。van Hulst[41]认为，演替可以完全根据现实的相互作用(尤其是竞争)来理解。但从生物学角度来看，该观点在许多条件下不适用。第三，演替转移概率具有时间上的不变性，当模型状态变量表示的个体、种群或群落被另一状态代替时，现在状态的转移概率不随时间变化。因此，对演替结果来说，以马尔可夫过程为基础的转移概率模型具有收敛性的特点，符合 Clements[34]的经典演替理论，但与现代演替观点有很大不同。

②林窗模型。英国生态学家 Watt[37]对森林动态理论进行了较经典的论述，这一理论的中心内容是森林的动态反应可描述成一种循环：森林总是处于不断的发展过程中，森林内随着一棵大树死亡，在林中形成林窗，在林窗空地上林木的更新率增加，生长加快，森林形成，林冠郁闭，林窗消失，在以前林窗附近的成熟林中大树又死亡，形成循环。外部环境因子也影响着森林的动态变化过程，表现为对森林的作用，决定了森林中林木的存在方式和保存时间。所以，林窗是森林更新和生长的潜在空间。成熟的森林生态系统是无数林窗较为动态平衡的反映，许多树种在成熟林中存在与否，很大程度上取决于对林窗中环境状况的适应程度。研究人员可以根据森林林窗动态变化的原理，利用森林生长模型的建模算法建立以树木个体为基础的模型。该模型已用于一些森林动态演替的研究中，也就是通常所说的林窗模型[42]。

3）森林数值化生长模型的计算加速算法

长期以来，研究者对于生态学上的尺度有着不同的定义，他们从不同的角度对尺度的概念进行了表述。Farina[43]认为尺度是指被研究对象在时间或空间上的量度，是被研究对象在该时间和空间维的模拟，具有动态特征；Turner 等[44]认为尺度是指一个物体或一个过程的时间、空间幅度，是时空大小的范围；傅伯杰[45]将尺度定义为研究对象的可能感觉分辨率和时间单位，认为尺度具有可分解性，且具有不同的水平层次。

此外，森林是一个庞大的场景系统，不但样地分布广，而且树木繁多，在模拟大规模森林区域时，通过林木的精确位置跟踪计算森林内每棵树木的生长更新情况，实现每个生长周期内的森林动态变化需要耗费大量的时间。

森林中植物个体之间产生的竞争和互利作用是维持植物群落稳定的重要因素。在大规模森林场景中，树木数量十分庞大，可能有几十万乃至上千万、上亿棵树木。如果要进行树木间相互作用的计算，不仅要存储每棵树木的信息，而且要考虑所有树木之间的竞争和互利作用的综合影响，计算过程十分复杂，计算量也非常巨大。例如，以 10km×10km 的森林区域为研究范围，按每 2m^2 种植一棵树计算，则系统要对 5000 万棵树木进行植物间相互作用模型的计算，在处理器为 2.13GHz、内存为 4GB 的计算机上完成整个计算过程需要几天时间。植物间相互作用生长模型的求解过程，极大地制约了大规模森林生长仿真的应用和研究。因此，在森林生长仿真系统中，如果不对这些场景数据进行有效的组织与预处理，而让数据直接用于生长模型的计算和仿真场景的绘制，以目前的硬件性能，无法进行快速的生长过程仿真。

在传统数据组织和调度算法研究的基础上，研究人员试图利用虚拟森林场景的时空特征或者图形处理器(graphics processing unit, GPU)的并行计算能力进一步加速森林生长模型的计算过程。Cournède 等[46]利用消息传递接口集群技术实现了树木个体生长的并行计算。但是从其实验结果来看，在 8 核中央处理器(central processing unit, CPU)集群上模拟 50m×50m、拥有 200 棵树木的森林生长一年需要耗费大约 9s，这对于大规模森林样地的动态演化模拟，在时间上是不易被接受的。Govindarajan 等[47]提出了大规模森林尺度下针对林下光照和种子分布计算的加速算法。林下光照加速算法是基于图形硬件绘制提出的，与在纯 CPU 上的实现相比可以得到较高的加速率，并且计算时间不随样地尺度的增大而增加。他们提出的对种子分布的聚簇优化算法依赖种子分布的距离关系，即空间上某位置距离种子源(产生种子的母树)越近，种子扩散到该点的可能性越大；距离越远，种子扩散到该点的可能性越小。但该算法的计算精度受种子收集点与母树之间距离的限制，而且不适用于所有类型的种子分布函数。

森林动态演化计算的挑战主要在于参与各子模型计算的庞大森林场景数据。以树木生长子模型计算为例，森林中每棵树木都要参与生长子模型的计算，而树木的生长量受生存环境的影响，如地上光照资源和地下土壤水分、养分等资源[48]。因此，以一棵树木的生长量为计算目标，不仅要根据光照模型计算其邻域树对该目标成年树的遮光影响，还需要根据邻域竞争模型计算邻域树对该目标成年树产生的地下资源竞争威胁，只有考虑这两个环境因子的综合效应，才能得出实际的树木生长量，并对最优生长进行合理调整。

CPU 与 GPU 结构对比如图 1.4 所示。近年来，随着图形硬件的不断发展和可编程性的提高，GPU 除了用于图形处理以外，也越来越多地用于解决通用计算任务。2007 年，NVIDIA 公司计算统一设备架构(compute unified device architecture, CUDA)的发布，使 GPU 在通用计算领域真正得到大量应用，满足了太字节(TB)

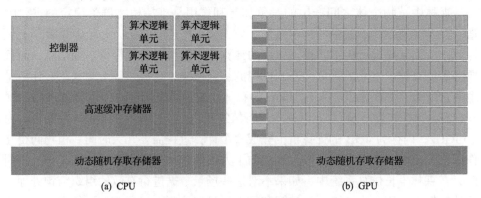

(a) CPU

(b) GPU

图 1.4　CPU 与 GPU 结构对比

甚至皮字节(PB)量级数据规模以及万亿次计算能力的需求。目前，GPU 在大规模数值计算和高性能通用计算方面正发挥着越来越重要的作用，广泛应用于物理模拟、科学计算、信号处理、媒体处理等领域。在森林动态演化仿真中可以考虑利用 GPU 的并行体系来加速优化森林演化计算。

1.2.2　森林生长仿真的形态表示技术

1. 植物生长过程的形态可视化

树木是虚拟森林场景的重要组成部分。树木种类繁多、几何形态与结构高度复杂且差异悬殊，因此很难用一般的数据结构进行表达。近年来，随着计算机相关技术的快速发展，国内外研究人员在单棵植物生长的形态可视化领域做了大量的研究工作，并且取得了相当大的进展。根据虚拟仿真的原理不同，目前主要的植物生长过程形态可视化算法有生长型和描述型两大类。

1)生长型

生长型建模算法侧重于对植物生长实际过程的模拟。常见的生长型的建模算法有 L 系统、迭代函数系统和随机过程等。

(1)L 系统。

1968 年，匈牙利生物学家 Lindenmayer[49]在生物理论期刊上发表了题为"Mathematical models for cellular interactions in development, part II"的论文，介绍了使用形式化语言模拟多细胞组织的生长过程。L 系统以自动机理论为基础，用字符串序列来表示细胞的状态，通过字符串序列的变化来描述人工生命的形态生成过程。从本质上讲，L 系统是一个字符串重写系统(rewriting system)，通过对植物生长过程的经验式概括和抽象产生公理和规则，生成字符发展序列，以表现植物的拓扑结构。早期的 L 系统是 D0L 系统，这是一种最简单的 L 系统。"D"代表确定性(deterministic)，"0"代表上下文无关(0-context)。引入 L 系统，主要是为了建立各种不同的生物生长模型，尤其希望能够真实地模拟现实世界中各种形态的植物。由 Seymour Papert 开创的"龟图"系统，能够将字符串序列转换成"海龟"在二维平面上移动的动作，对产生的字符串用"龟图"进行几何解释，就能生成非常复杂的分形图形，如图 1.5 所示。

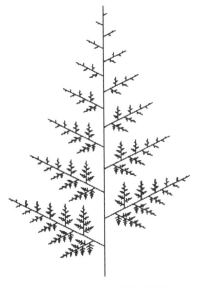

图 1.5　用 D0L 系统生成的树

除 D0L 系统外,还有上下文相关的 L 系统、随机 L 系统等。随机 L 系统克服了确定性 L 系统只能生成规则图形的局限性，可以构造随机的植物拓扑结构，从而生成更为丰富的植物形态，如图 1.6 所示。

图 1.6　随机 L 系统生成的树

（2）迭代函数系统。

迭代函数系统（iterated function system, IFS）是分形绘制的典型算法，通过若干仿射变换将整体形态变换到局部。早期 Barnsley 等[50,51]应用 IFS 算法生成了自相似性极强的蕨类植物叶片，之后发展了再现迭代函数系统（recurrent IFS）算法。该算法在自相似性生成方面更为灵活，可以体现植物体局部之间不同的自相似性。Prusinkiewicz 等[52]发展了一种称为语言约束式迭代函数系统（language-restricted IFS）的算法。该算法加入变换顺序的约束条件，可以通用地概括各类不同的 IFS 算法。目前，IFS 已经成为分形领域中强有力的一个分支，在计算机造型技术、图像压缩和数据拟合等方面有着广泛的应用。但是二维 IFS 的应用受到很大限制，首先，二维 IFS 码不易获得，它是利用交互图形技术对景象不断"试凑"而获取的，对使用的硬件、软件以及操作人员的经验要求都很高；其次，二维 IFS 码只是景物图像的模型，而不是景物自身的形体模型，反映的只是从某个确定的视点所看到的景物的某个观察面，如果景物自身形态发生变化或观察视点发生变化，就需要有相应的景物图像，并由此得到一组新的 IFS 码，这在实践中是很困难的。所以，有许多学者将 IFS 推广至三维空间，用 3D-IFS 来描述树木形态[53]。

（3）随机过程。

随机过程是一连串随机事件动态关系的定量描述。随机过程算法主要包括 de Reffye 等[23]提出的基于有限自动机的植物形态发生建模算法，也称为参考轴技术。该算法通过马尔可夫链理论及状态转换图方式来描述植物发育、生长、休眠、死亡等过程。

Godin 等[54]在此基础上提出了多尺度意义下的植物拓扑结构模型，该模型能够以不同的时间尺度描述植物的拓扑结构。这种建模算法物理意义明确、数据输入简单、过程分析直观。赵星等[55]进一步发展了双尺度自动机模型，该模型根据植物的生理年龄来组合植物的生长参数，以更为简便、通用的图形方式表示各种植物的构造模型。

de Reffye 等[23]根据参考轴技术建立了植物结构模型(advanced modeling of architecture of plant, AMAP)系统，能够对从热带到温带的不同气候带生长的植物进行模拟。对于某一种特定植物，AMAP 系统首先进行定性分析，确定描述其结构的基本模型；在此基础上对植物结构进行定量描述，最终得到植物的模型。因为植物的生长(如某个位置的侧芽是否产生分枝、分枝的类型与分枝的时间等)具有一定的随机性，AMAP 系统应用概率分布和随机过程理论来描述这种规律。AMAP 系统依靠功能强大的田间数据采集与分析模块，将测定的植物各类数据输入数据库，应用马尔可夫过程分析植物拓扑结构的演化规律，通过模式识别算法提取生长规律，比较成功地对各种结构的植物实现了效果逼真的模拟，仿真结果如图 1.7 所示。

图 1.7　AMAP 系统模拟的雪松

2)描述型

描述型建模算法得到的几何结构是自动生成的，通过设定相关参数来完成对植物模型的构造，相对于生长型建模算法，在确定参数时对生物和林学方面的知识要求较少。其代表性的工作有粒子系统(图 1.8)、交互式植物建模等。

图 1.8　粒子系统实现的场景

(1)粒子系统。

粒子系统(particle system)算法由 Reeves 等[56]在 1985 年提出，最早用于模拟火焰、烟雾、云彩等，而后逐渐用于生成真实感的自然景物，如森林和草原等。其基本思想是将许多形状简单的微小粒子(如点、小立方体、小球等)作为基本元素来表示自然界不规则的模糊景物，粒子的创建、消失和运动轨迹由所造型的物体的特性控制，从而形成景物的动态变化。后来，Reeves 等[56]将树木的枝干、树叶看作由线段集合和小圆圈组成，用互相关联的粒子来表现这些结构；通过结构化粒子系统(structured particle system, SPS)比较成功地对森林场景进行了虚拟仿真。

(2)交互式植物建模。

Weber 等[57]提出了一种适合实时绘制的树木可视化模型表达算法以及相应的模型简化算法。该算法强调树的整体几何结构，而不要求严格遵守植物学规律，将树模型分为主干、枝条和树叶三部分，使用一组参数来描述树木的形态与结构。为了优化森林中大量树木的绘制，他们还提出了一种简化树几何结构的算法。Lintermann 等[58]提出的模块化交互式植物建模算法用图来描述树的结构，图的节点是构成树的组件，图的边表示节点间的从属关系。几何结构的生成分为两步：首先把图扩展成树，然后遍历树产生几何形体。

2. 静态森林场景的可视化

1)静态森林场景的可视化算法

森林的可视化研究需要在一个虚拟的三维空间中对森林场景进行模拟仿真，并能够让用户在虚拟场景中漫游。采用体现单棵植物生长过程的形态可视化算法将无法满足森林场景的可视化要求。因此，大规模森林场景的绘制一般采用基于规则几何体的可视化算法，而近年来涌现的基于图像、体纹理的可视化算法是大规模森林场景可视化更有效的解决途径。

(1)基于规则几何体的可视化算法。

20 世纪 80 年代中期，美国、日本等的林业科技人员都曾采用计算机图形技术来描绘森林的总体形态、混交林的树种分布，以及实施不同的采伐方案对林分形态结构的影响等。但是受传统规则实体的图形绘制技术的限制，这些应用的可视化程度仍然很低，图形的逼真度较差，信息量也很少。

20 世纪 90 年代，日本学者研制了一个基于规则几何体的林分三维可视化模型，在该模型中用简单的圆锥体来表现树木，圆锥的高与直径分别与树高和冠幅成比例[59]。只要给出每棵树木的 X、Y 坐标和它们的树高、冠幅，利用计算机三维图形学的绘制算法就可以生成一个能反映林分三维空间关系的图像。如果给出每棵树木的树高和冠幅与年龄的函数关系，就可以产生林分生长过程中每年的三维示意图。利用图形学的算法也可以方便地表示处在不同坡度的林分的形态或从不同的观点观察同一林分的结果。

美国伊利诺伊大学空间影像实验室(University of Illinois Spatial Imaging Laboratory)开发的 SmartForest 程序也采用了类似的算法。它主要面向大场景阶段(landscape level)仿真，通过生长模拟模型(growth simulation model, GSM)来表现森林场景的动态改变，如图 1.9 所示[60]。很显然，该算法能够快速地表示森林动态生长的过程，针对大规模森林场景的模拟，可以渲染的个体数较多，但是其中的树木过于简单，无法体现更多的细节。这种基于规则几何体的林分三维可视化模型提供了林分中林木的基本空间结构，但由于用简单的几何符号来表示树缺乏真实感，所以该模型原则上只能作为林分空间结构的示意图，而不适合用于森林景观的仿真。

图 1.9　SmartForest 程序模拟的森林动态生长场景

美国环境系统研究所(Environmental Systems Research Institute, ESRI)公司推出的 ArcView-3DX 分析扩展模块提供了三维可视化表达功能，利用该模块，通过在数字高程模型(digital elevation model, DEM)上添加简单三维对象或符号(如以锥体表示的算法)来近似表达一种基于地形的景观设计效果，但无论在视觉上还是在实用性上都不够理想。

(2)基于图像的可视化算法。

传统的图形绘制技术均是面向场景几何模型的，因而绘制过程中涉及复杂的消隐和光亮度计算过程，但对于像森林景观这样高度复杂的室外场景，现有的计算机仍然无法实时绘制简化后的几何场景。基于图像的渲染(image-based rendering, IBR)算法是一种提高绘制效率的有效途径，因为绘制时间复杂度和内存开销不受实体复杂度的影响，只受结果分辨率的控制，所以很适合用于树木和植物等复杂对象的绘制。

虽然大多数基于图像的渲染算法不是专门为绘制植物和树木而研发的，但也有不少通过改进转变为专用算法。例如，基于 Z-缓冲视点法的树木图像绘制算法对任一视点的图像预先计算好树的 Z-缓冲器的插值。Z-缓冲器呈多层，记录着每个像素的色彩、法矢量和 Z 值，没有阴影信息。

基于图像的可视化算法的优点是场景真实感强，生成一幅图所需时间只有数秒。其缺点是在虚拟场景中树的模型实际上是一个典型树木的二维图像，没有建立树的三维几何结构，因此不能表现树的交错，同时存在诸如缺乏数据、因原始图像导致的图像不连续、难以更新原始图像等缺陷。

(3) 基于体纹理的可视化算法。

基于体纹理的可视化算法是把复杂的场景信息以几何样本的形式存储在体纹理中，将体纹理根据不同的分辨率映射到物体表面上来模拟场景。体纹理特别适用于有连续植被覆盖的景观中，最早由 Kajiya 等[61]于 1989 年在表达毛皮时首次提出，而后应用于硬件绘制，以克服纹理贴图多边形的缺陷。Neyret[62]则在地形建模中采用体纹理表达草地和树木。体纹理可以减少表达场景的内存或磁盘空间，因为同一纹理要素可以在不同位置上重复使用。

针对传统几何算法绘制高度复杂场景时遇到大量的细小图元造成效率低下、易产生高频信号导致走样的现象，Neyret[62]开展了体纹理绘制新算法的研究。其中，三维纹理贴图与几何网格剖分分别进行，纹理模式可以是任意形状，绘制时某个体纹理只存在于某个面的附近，参考体包含的实例(即体素)通过空间变形实现不断重复出现。

基于体纹理的可视化算法的优点是可以简化场景，消除几何面造成的混淆，使构造和准确绘制高度复杂的自然场景成为可能。其缺点是由于绘制时通常结合体绘制技术的光线跟踪算法，实现起来比较复杂，运算时间复杂度比较高。

2) 森林场景可视化的真实感和实时性

由于树木种类繁多、结构复杂、形态各异，很难通过统一的场景建模算法进行渲染；此外，对于现有的树木模型，为了表现其丰富的形态和复杂的结构，通常包含了大量的几何细节[63]。因此，对树木的建模与绘制一直是图形学领域的挑战性课题，树木拓扑结构的有效表达以及树木绘制的实时性和真实感研究具有重要意义。

为了进一步加强树木模型的视觉效果，人们通常将现有的绘制技术结合光照、阴影等成熟的真实感图形绘制手段构造具有动态光影效果的三维场景[64]。真实感树木绘制需要占用大量的系统资源和渲染时间，尽管计算机软硬件、三维图形加速技术飞速发展，但是还远不能满足用户绘制复杂虚拟环境的需求。因此，如何高效且实时地简化树木模型复杂的几何细节，加快模型绘制速度且保持模型的整体视觉效果，已成为当前虚拟现实技术的一个重要研究课题。叶片信息在三维树木模型的数据中占比很大，在保持视觉感知的前提下进行三维树木叶片模型简化，有助于实现大规模森林场景的快速绘制和实时漫游。

20世纪90年代，许多学者相继提出了一系列基于几何的网格模型简化算法，其基本思想是从原始的精细模型出发，逐步减少模型中的三角面片数量并使误差处于一个可控范围内[65,66]。随着研究的深入，2010年清华大学和斯坦福大学的学者共同提出了一种新的基于特征敏感(feature sensitive, FS)度量的特征保持网格简化算法[67]。同年，Gao等[68]为满足工程应用的需求，提出了一种基于特征压缩的CAD网格简化算法。浙江大学计算机辅助设计与图形学国家重点实验室的赵勇等[69]提出了一种新的保细节的变形算法，可以使网格模型进行尽量刚性的变形，以减少变形中几何细节的扭曲。2011年，浙江大学的金勇等[70]根据变分网格逼近表示所定义的全局误差能量，提出了一种局部贪心优化算法，其计算量较小、效率较高，能够有效地应用于几何造型系统中。基于几何的网格模型简化算法依赖三角面片之间的连接关系，特别适合处理连续的网格模型。对于像树叶等由大量不连续的三角面片构造的模型，如果采用基于几何的网格模型简化算法进行简化处理，其简化效果往往不理想。

为了解决大量离散树叶的几何简化问题，2003年，Remolar等[71]首先提出一种树叶合并简化算法(foliage simplification algorithm, FSA)，通过迭代地选取出两片相似树叶进行合并来实现树叶简化。FSA以重新生成一片足够覆盖原有两片树叶的大树叶的方式来实现树叶合并。为了解决相似树叶对的挑选问题，FSA定义了一个误差函数。树叶合并简化算法能够有效减少离散树叶的几何数据量，并保证简化模型与原始模型的整体相似性。但是，树叶合并简化算法仍存在一些问题：首先，算法只能处理外形为几何四边形的树叶；其次，算法只有在遍历和计算了全部树叶对两两之间的相似性之后才能确定用于合并的树叶对，显然遍历和计算的过程十分耗时，甚至难以接受。2006年，Zhang等[72]根据植物学知识引入叶序、花序等概念，提出了一种基于植物器官的层次合并(hierarchical union of organs, HUO)算法。HUO算法考虑植物器官之间的叶序、花序关系并划分层次结构，有效缩短了树叶遍历和计算的时间。因此，HUO算法能很好地简化包含详细植物器官信息的树木模型，但它没有考虑到树木的结构特性和树叶的纹理颜色。2010年，Deng等[73]针对松树树叶的特点提出了使用圆柱和线条来简化树叶的算法，并在后来的工作中采用GPU进行加速。

此外，浙江大学的刘峰等[74]利用图像与几何的混合简化算法对树木模型进行优化，对优化后的树木模型构建多个层次细节，并进行有效压缩。另一些学者考虑到树叶密度、遮挡等因素，将"裁减"引入树木模型的简化中，提出了基于视点的可见性裁剪算法[75,76]。

1.2.3 森林生长仿真数据的管理

大规模森林场景涉及的空间几何数据、地表纹理数据等是海量的，要实现较高的真实感，即便是最高端的工作站也不能满足生长模型快速计算和虚拟森林场景实时绘制的需求，必须采用一些算法来简化和加速计算过程。现有森林场景的数据组织和调度算法主要用于场景的绘制，而对于森林生长模型快速计算的数据组织和调度算法的研究比较少。

在虚拟森林场景中，数据来源主要有两个方面：一方面是大范围的三维地形的构建；另一方面是地形上树木的重建。大规模场景数据管理的一般算法是将场景数据划分成多个便于管理的数据块，并按照空间层次的形式组织。目前，常用的空间数据结构包括层次包围体(如层次包围球、层次包围盒)和层次空间分割(如二叉空间部分(binary space partitioning, BSP)树、k维树和八叉树等)[77-83]。其中，层次包围体以自底向上的方式将场景中物体的包围体组织成层次结构，结构简单，但是不能描述场景的空间连贯性；层次空间分割则是以自顶向下的方式将整个场景分割成层次结构，得到的层次结构较为平衡，但是可能会破坏场景中原有的物体划分。八叉树是四叉树在空间的扩展，适合用于空间视见区的裁剪，但裁剪精度低。由于森林场景中地形的起伏、高程相差较大，遮挡剔除情况相对较少等，八叉树结构常用于大规模森林场景的数据组织[83]。

场景数据的有效组织为后续外存到内存阶段的数据调度提供了条件。常用的面向大规模森林场景绘制的数据调度算法可以分为以下几类。

(1)数据预取：在绘制的同时，对下一个视点进行预测并利用多线程技术预先从外存调度可能需要的数据。例如，戴晨光等[84]提出了增量式数据更新的算法，根据视点与数据页几何中心的偏移量，利用局部数据页的动态更新技术实现大规模的地形场景实时漫游，同时采用多线程的算法，预先将更新的数据从硬盘中读入内存，从而减缓了延迟现象。高宇等[85]对视点空间进行划分，为每个视点单元计算恰好满足单元内任意视点屏幕像素误差的场景图节点列表，在绘制时采用基于视点单元的预取策略，利用视点单元之间的变化控制预取数据的调度，实现大规模外存场景的显示。张淑军等[86]提出了一种基于运动估算的地形分块调度算法，以数据密度为标准进行多分辨率地形划分，结合四叉树和二维矩阵对地形分块建立空间索引，并结合用户浏览运动的参数建立多参数估算模型进行数据的预取和调度。

(2)基于场景相关性的数据调度：通过增加数据存储之间的相关性，提高数据访问时的命中率，以减少内外存调度的次数。中国科学院的吴金钟等提出在块内采用Ⅱ空间填充曲线排列网格点来减少内外存的 I/O 操作次数[86]。在绘制时采用分块渲染技术，只将必需的层次调入内存中，节省了内存空间并减少了调度时间[86]。美国 Multigen-Paradigm 公司提出了一个层次存储结构的 open flight 数据库。Yoon 等[87,88]通过减小模型顶点数据在外存文件中的数据分布距离来提高几何数据排布的空间相关性，从而提高了数据访问时的缓存命中率；后来，他们又提出了基于块的缓存来提高数据访问的局部性，提高了外存文件的使用效率。田丰林等[89]提出了一种新的面向交互操作的三维模型数据外存调度算法，解决了基于外存三维模型数据难以进行添加、删除、平移等交互操作的问题。

（3）基于数据精简的数据调度：通过减少每次调度的数据量来缩短每次调度所需要的时间。例如，国防科技大学的郑笈等[90]基于元本体的思想，将场景的数据进行整理，归纳出相似数据集，从而减少了相同数据重复的内外存调度。Yoon等[91]提出将外存文件进行进一步压缩，并实现了对压缩外存文件的随机访问。

在大规模森林场景的数据组织和调度中，不但要对地形、地物、纹理数据建立合适的存储结构来支持场景的快速可视化，还要考虑森林生态模型快速计算的数据调度问题，并且要求对不同精度的森林场景中的树木信息以及关联进行管理。如何支持森林生态计算模型的快速计算，是大规模森林场景数据组织中有待解决的问题。另外，在计算不同精度的森林场景植物生长模型时，需要利用森林场景数据组织的特点提出相应的数据调度算法，减少内外存调度所需要的时间，加快计算速度。

1.2.4　森林生长仿真系统的构建

目前，国内外对森林仿真的研究较多集中在森林场景中实体的建模可视化技术以及各种模型和算法的优化，比较注重仿真的效果，而对仿真系统架构与集成算法的关注较少，尤其是对支持不同仿真规模的动态森林场景体系结构设计问题的研究更少[92]。传统的仿真系统往往是集中式的，结构固定、缺乏交互且不易于扩展。近年来，国内外研究机构在仿真系统架构方面也开展了新的探索，网络技术的发展促进了分布式交互仿真技术的发展。其中，高层体系结构（high level architecture，HLA）作为一种支持仿真系统之间互操作和可重用的框架体系，通过联邦管理动态实体交互，使用运行支撑环境来实现仿真应用的互操作，往往用于大型的军事和工业仿真，目前在森林仿真领域也有了探索和初步实现。中国科学院遥感应用研究所遥感科学国家重点实验室设计了基于 HLA 的分布式虚拟地理环境系统框架结构，在运行支撑环境框架上构建三维可视化联邦成员、数据库联邦成员、系统管理联邦成员等来实现由多个局域虚拟地理环境组成的分布式地理环境[93]。孙思昂[94]开展了基于 HLA 的动态森林生长仿真原型系统的研究，尝试在通信单元层采用 HLA 技术提供植物的生理数学模型通信接口，统一了不同仿真实体之间的交互模式，从而更好地完成森林实体通过通信接口的量化交互。唐丽玉等[95-97]提出了一种可扩展的分布式森林灭火仿真体系结构，基于高层体系结构/运行支撑环境协议设计并初步实现了地形、树木、林火、灭火工具等联邦成员组成的分布式森林灭火仿真系统。目前，HLA 与公共对象请求代理体系结构（common object request broker architecture，CORBA）、企业级 JavaBean（enterprise JavaBean，

EJB)等标准中间件技术还没有建立广泛的联系，其应用主要集中在特定的军事领域[98]。从总体上来说，国内外将 HLA 架构思想与虚拟森林仿真相结合的研究相对较少，仍处于起步阶段。

基于构件的软件开发方法是 20 世纪 90 年代提出的，是一种理想的软件开发理念，目的是实现软件复用和构件化生产，从而节约系统的开发时间和开发成本。基于构件的软件开发方法已广泛运用在软件行业各个领域。目前，面向构件的软件架构在农林业相关领域受到越来越多的关注。陆守一等[99,100]将构件技术应用于森林资源信息系统的集成中。丁维龙等[101,102]设计了几何结构、拓扑结构、外形材质等不同层次的组件来模拟植物三维结构，并开发了植物模拟软件"VPG-I"。姜海燕等[103]基于组件框架、组件组装、模型解析等技术，提出了作物模型资源构造平台，其中包括模型组件集、框架组件集、算法组件集、模型模板组件集等多层结构。近年来出现了大量植物建模可视化工具，如 L-Studio、GreenLab、SpeedTree、Xfrog 等，其中非常有名的 Xfrog 是由德国 Greenworks 公司基于 L 系统开发的，其工作原理是将树木的树干、树枝、叶子、花朵等不同器官的基本信息融合到一些几何体小图符中，这些图符作为构筑植物结构的组件，通过这些组件的组合形成植物三维模型，因此可以说，Xfrog 实质上是利用构件化的思想来建立植物体的[104]。总的来说，目前构件技术较多地用于森林资源信息管理、林业决策系统、农业专家系统中，或者仅用于构建植物三维模型，由于森林仿真涉及较复杂的形态和生态的处理，将构件技术完全引入森林仿真体系结构的研究还很少。

不同机构进行森林仿真的应用目标和出发点往往不同，在时空尺度上可以分为单木、林分和全林分三种不同的仿真规模。不同规模仿真的关注点有所不同：单木级仿真往往注重树木形态特性和生态特征的精细刻画；林分级仿真主要关注林分内树木基于共享资源的竞争互利作用；全林分级仿真面向更大的时空尺度，通常是模拟较长时间内大规模森林的动态演替过程。目前，多数森林仿真系统是针对各自特定的研究目标的，采用对应的生长模型或仿真技术来进行单一规模的森林生长仿真，系统往往是针对个性化需求单独设计和开发的，因此涌现出大量的虚拟森林仿真应用系统。不同的森林场景都需要构建地形和天空等场景实体，单木仿真生成的树木模型可以重复用于林分级仿真和全林分级仿真中，还有诸如纹理映射等算法不断重复出现在不同系统中，但这些系统之间缺乏关联和映射，很难直接复用彼此的模块。此外，由于多数森林仿真系统架构仍基于传统的集中式架构，系统结构相对固定，森林仿真的业务流程和模型算法都采用某种编程语言硬编码在各个系统中，所以系统模块之间耦合度高，不易于动态管理模型，重构能力较弱，无法快速地响应仿真需求的变更。

针对上述问题，对森林仿真系统架构开展研究是十分必要的，因为系统的架构起着"上承业务目标，下接技术决策"的关键作用[105]。软件复用的研究和实践表明，特定领域的软件复用活动相对容易取得成功，这是由特定领域本身的相对内聚性和稳定性决定的[106-108]。构件思想充分借鉴了建筑业、制造业等传统行业成熟的零部件组装理念来实现软件系统模块的松散耦合和可重复利用。基于构件的软件复用与集成技术可以很好地支持复用，被认为是对软件体系结构和传统软件开发模式的变革，故可将软件复用思想引入森林仿真领域。

1.2.5　主要研究工作

针对大规模虚拟森林仿真中存在的问题，着重开展以下几个方面的研究工作。

1）森林的高层知识建模

森林动态生长过程包括更新、波动、演替和进化等。对群落动态的研究一直是植物生态学等学科的核心问题。由于植物群落中存在生态多样性、不确定性及植物群落在垂直结构和水平结构中空间结构的复杂性，在个体水平上研究植物的生长、发育过程与在森林群落水平上研究群落的过程是截然不同的，所以在研究植物群落动态过程中，不仅需要考虑植物在共享空间中竞争作用和互利作用对植物造成的影响，还必须考虑群落各个层次之间的变化及转换关系。

目前，国内外关于植物群落的生长模型研究中，大多只从单木、种群或群落中某一种或两种层次水平对生长模型进行研究，没有将单木、种群和群落不同规模下的生长模型进行连接表示。因此，分别研究单木、种群和群落的生长过程和特点，采用计算机对生长过程进行知识建模，并用数学模型表示相应的植物生长模型，建立支持不同仿真规模的森林知识表达体系。

2）底层数值化生长模型的加速算法

大规模森林生长仿真包含动态资源环境影响下不同时空尺度的树木生长变化情况，大规模森林群落中的树木个体可能与其时空尺度上相邻的个体具有类似的生长环境，可以利用这种相似性，采用基于时空相似性的生长模型快速求解算法，如不同空间的树木群体动态生长模型计算简化算法、不同时间尺度的树木生长模型计算简化算法，进一步加速大规模森林动态生长模型的计算过程。

此外，在建立森林动态演化仿真系统的基础上，利用 GPU 的并行体系加速优化森林演化计算。对森林动态演化各子过程进行计算模型分析，设计适用于其特点的 GPU 加速算法，以提高整个演化过程的运行效率。

3）大规模森林场景数据的组织算法

大规模森林生长仿真的效率在很大程度上取决于森林场景数据的组织。植物生长模型求解过程中需要进行频繁的查找操作和内外存调度操作，如果数据组织不合理，则将延缓整个计算过程，降低系统效率，所以对于植物生长计算模型，数据组织主要以如何能加快数据查找速度为考虑因素。在大规模森林场景的数据组织和调度中，不但要对地形、地物、纹理数据建立合适的存储结构来支持场景的快速可视化，还要进行森林生态模型快速计算的数据调度，并且要求对不同仿真规模森林场景中的树木信息以及关联进行管理，研究支持大规模森林生长模型的快速计算的数据组织算法，以及如何针对不同植物生长模型的计算过程采用合适的数据调度算法，减少内外存调度所需要的时间，加快计算速度。

4) 森林场景可视化的真实感和实时性

目前，森林场景可视化领域研究着重采用各种图形绘制技术和细节层次技术等来渲染大规模森林场景，达到森林场景的视觉逼真效果以及实时性的要求。然而这种纯可视化仿真技术只满足于构建静态森林场景[109-115]。在进行大规模虚拟森林场景的可视化时，难以对其中的每棵树木建立包含丰富细节的几何模型，需研究如何高效和实时地简化树木模型复杂的表面细节，并建立轻量级的三维模型，以提高模型的绘制效率且保持树木的视觉感知特性。因此，本书将从基于树叶简化的多分辨率树木模型建立算法、几何与图像混合的三维树木模型轻量化算法和大规模森林场景的快速漫游算法来研究支持虚拟森林快速仿真的可视化技术。此外，遥感技术有助于完成复杂时空尺度海量观测数据的收集，以及对森林生态系统实现客观、连续、重复、动态对比分析等，将研究一种基于梯度方向聚类的LiDAR(激光雷达)点云数据的单木检测和信息提取算法。

5) 虚拟森林仿真系统的构件化集成技术

基于构件思想构建森林仿真系统，出发点是将仿真系统中的业务模块构件化，提高模块本身的内聚性，并使系统模块之间实现松耦合。可以将森林仿真研究的关注点从模型算法的编码实现转移到仿真构件的提取与组装，降低森林仿真系统开发和集成的复杂程度。在设计虚拟森林仿真构件组装框架的同时，可以并行设计开发各种仿真构件，增大开发的并行程度，从而提高森林仿真系统的开发效率。此外，基于框架的仿真构件组装支持仿真模型或算法的重用和快速集成，实现了仿真构件的可定制，从而可以提高复用性，降低开发成本，并提高系统的可维护性。建立基于构件的森林仿真架构，使系统能够快速响应仿真需求的变更，并可以针对不同仿真应用目标来快速搭建森林仿真应用。

第2章 森林生长仿真的知识表达

为了在计算机上对虚拟森林进行可视化仿真,建立具有科学依据的植物群落的高层知识模型是极为重要的,也是必需的。由于虚拟森林生态景观的时空可变性,在植物群落中需要将单木、种群和群落不同仿真规模下的生长模型进行连接表示。因此,根据单木、种群和群落的生长过程及特点,用计算机对生长过程进行知识建模,并用数学模型表示不同的植物生长模型,是虚拟森林快速仿真的基础。

2.1 森林中植物群落的基础知识

2.1.1 植物群落生长的知识框架

植物种群可以定义为同一物种占有一定空间和时间的植物个体的集合体,植物种群的基本构成成分是植物个体。植物种群是构成植物群落的基本单位。种群虽然是由个体组成的,但具有个体所不具有的特征,这些特征大都具有统计性。种群的基本参数之一就是种群密度,影响种群密度的参数是出生率、死亡率、迁入率和迁出率,它们是种群的基本参数。当种群密度增大或者减小时,实际上是这些参数中的一个或几个发生了变化;相反,种群密度对生长率和死亡率也有影响,随着种群密度升高,生长率会下降,死亡率会上升[116]。这也是研究种群生长的重点。

植物群落是植物与植物之间、植物与环境之间形成具有一定相互关系的植物种群的集合体。群落具有一定的结构、一定的种类组成和一定的种间相互关系,并可以在环境条件相似的不同地段重复出现。群落并不是任意物种的随意组合,生活在同一群落中的各个物种是通过长期历史发展和自然选择保存下来的,它们彼此之间的相互作用不仅有利于各自的生存,而且有利于保持群落的稳定性[116]。

植物群落主要有以下四个基本特征:

(1)物种的多样性。一个植物群落包含很多种植物,识别组成群落的各种植物,列出它们的名录,是测定一个植物群落中物种丰度的最简单方法。

(2)植物的生长型和群落结构。组成植物群落的各种植物常常具有极不相同的外貌,根据植物的外貌可以把它们分成不同的生长型,如乔木、灌木、草本和苔藓等。对于每一个生长型,还可以进行进一步的划分,例如,把乔木分为阔叶树和针叶树等。这些不同的生长型将决定植物群落的层次性。

(3)优势现象。在观察一个植物群落时会发现，并不是组成群落的所有植物对决定群落的性质都起同等重要的作用。在多种植物中，可能只有很少的种类能够凭借自己的大小、数量和活力对群落产生重大影响，这些种类就称为群落的优势种。优势种在很大程度上决定着群落内部的环境条件，因而对其他种类的生存和生长有很大影响。

(4)物种的相对数量。植物群落中各种植物的数量是不一样的，可以计算各种植物数量之间的比例，这就是物种间的相对数量。测定物种间的相对数量可以采用物种的多度(如可以分为极多、很多、多、尚多、少、稀少和个别 7 个级别)、密度(指单位面积上的个体数量)、盖度(指植物枝叶垂直投影所覆盖土地面积的百分数，也可以分为 5 个等级)等指标表示。

植物群落的上述特征都是由组成群落的各种植物的适应性(如对温度、阳光、水分等的适应)以及这些植物彼此之间的相互关系(如竞争)决定的。实际上，植物群落就是各个物种适应环境和彼此相互适应过程的产物。

综上所述，所构建的植物群落生长的知识框架如图 2.1 所示。

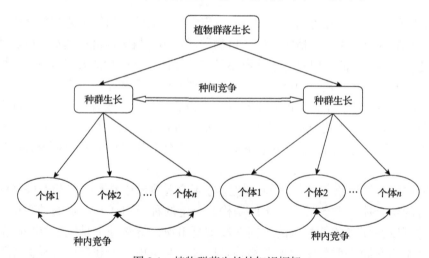

图 2.1　植物群落生长的知识框架

2.1.2　植物群落知识建模概述

在植物个体建模时，植物群落的知识表达除了保证展示植物具有一定真实感的外观特征，还应该能够表达出植物在植物学方面的生理特性，例如，植物在若干年后胸径、树高、冠幅等的变化。此外，从植物群落的特性出发，需要反映出一段时期内植物群落内部的变化，如植物的死亡、密度变化等。

植物群落中的植物模型也应该能够与环境交互。植物群落生长是一个动态的过程，植物随着时间的变化而生长发育，因此需要体现出周边环境对植物生长的影响，根据植物生长地点的不同环境，对植物生长进行修正。

植物群落中植物之间的种内竞争和种间竞争应该符合生态学方面的知识。植物群落中包含多种植物类型，如乔木、灌木和地衣等，在各自生长的同时也会对其他植物产生影响，这种影响体现在对同种资源的竞争上，竞争的结果是群落结构发生变化。

2.1.3 植物群落知识建模的特点

由于植物群落构成的复杂性，植物群落知识建模研究是一项具有挑战性的工作。植物群落知识对于真实反映植物群落的生长情况，分析植物在共享生长空间和资源时表现出的相互作用都具有重要意义。植物群落知识建模应具有以下特点：

(1)真实性。植物群落知识建模的基本要求之一，就是实现的效果必须和自然中的真实植物群落保持应有的相似度。模型的细节程度越高，其相似度也必然越高。所以，植物群落知识建模算法必须能够表现出植物群落一定的细节程度，不能用简单的几条知识来表示植物群落复杂的生长过程。

(2)科学性。植物群落将来主要面向植物群落演替、发展等领域。这就要求植物群落知识建模必须具备一定的科学性，这样仿真出来的植物群落才有逼真的可能。同时，植物群落的动态生长过程也受到自然法则的约束。所以，植物群落知识建模算法必须融入植物学和生态学的相关知识，体现出科学性。

(3)交互性。无论是植物与环境的相互作用还是植物之间的相互影响，最终都体现在交互性上。因此，在植物群落知识建模过程中需要体现植物的交互性。

2.2 森林中植物群落知识的本体表达算法

2.2.1 植物群落知识建模的本体表达算法

通过对森林仿真的知识表达算法进行分析与比较，结合植物群落知识建模的特点，本章采用基于本体的知识表达算法对植物群落知识进行形式化描述。

由于植物群落的概念众多，与环境的关联密切，植物之间的交互关系复杂多变，所以需要构建面向植物群落生长的本体表达算法以清晰地表达各种概念，建立概念之间的关联，使得植物群落的仿真更具科学性。

传统植物学领域包括大量的术语，它们是建立植物群落本体的基础，在工程之初，作为本体知识的来源，可以看作最原始的也是用户最易理解的概念。与正规的本体相比较，这些术语中概念之间的关联关系极度缺乏，几乎不存在其他语义关联，而且这些术语并不能直接用于仿真，因此必须对概念知识间的关联关系进行反复研究和提炼，使之可以提供仿真时所需的知识。在开发过程中不断摸索，以寻求最佳的知识分类。因此，只有不断重复评价—重建—再评价的过程才能保证得到一个能被植物群落生长仿真认可的本体表达。

将植物群落建模的本体表达算法进行如下形式化定义[12]：PO={CC, ATC, IC, AC}，其中，PO(plant ontology)表示植物本体，CC(concepts collection)表示植物相关知识的概念集合，ATC(attributes collection)表示在概念集合 CC 上的属性集合，IC(instances collection)表示植物个体和植物群落的实例集合，AC(axioms collection)表示植物生长的公理集合。下面对这 4 个集合的构造过程分别进行阐述。

1. 概念集合

植物群落概念集合划分为 4 个子集合，分别是植物概念集合、种群概念集合、群落概念集合以及环境概念集合。每个概念集合又由若干子概念集合构成。植物概念集合由生态特征集合和形态特性集合构成；种群概念集合由种内竞争集合和种群整体特性集合构成；群落概念集合由种间竞争集合和群落整体特性集合构成；环境概念集合由阳光集合、水分集合、土壤集合、温度集合和季节集合构成。通过将概念集合进行不断的细分，就可以将植物群落的知识进行细化。将这些概念集合表示成类，将子概念集合表示为子类，那么整个植物群落本体中类的层次结构如图 2.2 所示。

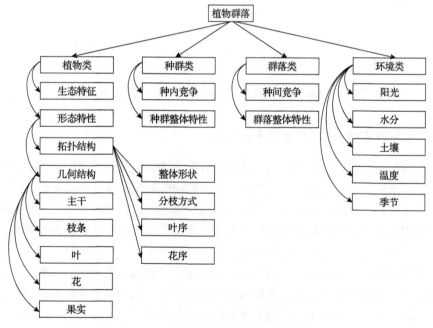

图 2.2　植物群落本体中类的层次结构

生态特征类：植物对环境的需求称为该植物的生态特征，生态特征类主要描述不同种类的植物对环境的不同要求。例如，马尾松的生态特征是喜光、喜温，适于年平均温度 13～22℃、年降水量 800～1800mm 的环境条件。

形态特性类：植物的外观表现。不同植物的形态各不相同，主要体现在拓扑结构和几何结构两个方面。

种内竞争类：对应种内竞争模型，种内竞争类主要有影响圈面积和个体间的距离等属性，通过属性的设置，结合模型中的规则就能体现出种内竞争的过程。

种群整体特性类：主要描述整个种群所体现出来的特性，如出生率、死亡率和密度等。

种间竞争类：主要描述种群和种群之间对空间和资源的竞争，该类主要对应种间竞争模型。

群落整体特性类：主要描述群落演替过程中所表现出来的特性，如优势种、多样性和盖度等。

类只是为知识的表达提供一个架构，但为了从各个方面描述类的细节特性，还需要构建类的属性集合。

2. 属性集合

属性主要用来描述类的特性，仅依靠类不能提供足够的信息来描述事物的细节特征，结合属性的定义才能使知识进一步细化。因此，在定义类及其层次后，就应该描述概念的内部结构，即类的属性。子类可以继承或覆盖父类的属性，也可以有自己特有的属性。属性可以分为数值属性和对象属性两种。数值属性用来描述类的某个特征值，例如用 PA={PC, D} 进行形式化描述，其中，PC 代表属性 PA 所属的类，D 表示属性 PA 的具体数值，例如，颜色={叶子，绿色}，表示叶子的颜色为绿色。对象属性用来描述特定类与特定类之间的某种关系，可以用 PA={PC, PC′} 进行形式化描述，其中，PC 表示属性 PA 的定义域（range），PC′ 表示属性 PA 的值域（domain），例如，ispartof={叶子，几何结构}，表示叶子是几何结构的一部分。

利用属性的约束规则使定义的属性能够更加精确地描述类。在 PA 中，主要通过以下五个方面来描述属性的约束关系。

(1)属性基数。属性基数定义属性的值，以及指定最大值和最小值。

(2)属性值类型。这是数值属性所特有的。值类型约束描述和种类型的值能够填充属性，在 PO 中主要用到的值类型有 string、int、float、boolean 等。

(3)属性的值域和定义域。这是对象属性所特有的。属性的值域和定义域一般是类或者几个类的交集和并集。对象属性所表示的就是值域类和定义域类之间的关联。判断属性的值域和定义域的基本规则是：当定义属性的值域或定义域时，发现最通用的类作为其领域或者范围；另外，通用值域和定义域的定义，即属性应能在描述其值域中所有类的同时，填充其定义域中所有类的实例。如果定义域是几个类的并集，则可以实现一个属性在多个类共享，例如，颜色属性的定义域为叶子∪枝条∪花∪果实，表示在叶子类、枝条类、花类和果实类中都具有颜色属性。

(4) 逆属性。逆属性就是一个属性的领域和范围恰好是另一个属性的领域和范围。通过使用逆属性，知识表示系统能够自动填充另一逆属性的值，从而确保知识集的一致性，更精确地表示概念之间的语义关系。

(5) 默认值。如果类的多数实例的特定属性值都相同，则可以把该值定义成默认值。当类的每个新实例包含这个属性时，系统自动填充默认值。

定义对象属性，不仅会严格区别概念的一些差异，也会将植物群落的概念进行规范关联，可以使植物群落知识系统化与层次化，建立植物群落合理的结构体系。对象属性的任务是将植物群落知识体系中隐含的各种语义关系全部提取出来，建立学科术语概念与概念、概念与名词、概念与含义、名词与名词之间的内在联系，形成一个网状的信息表示结构。对象属性完善了类之间语义关系的表达，但仅有对象属性还不足以描述类的详细特征，所以还要通过定义数值属性对知识进行进一步的细化。

为了描述 2.1 节中构建的类，在植物群落生长的本体表示中，按照属性的约束规则定义了 36 个数值属性和 11 个对象属性。属性的具体描述将在后面进行介绍。

3. 实例集合

类是抽象的，如果要使用类，还必须定义具体的实例。定义类的单个实例首先需要选择类，接着生成所选择类的单个实例，最后填充属性值。从语义上讲，实例表示的就是对象。

实例集合具有类的层次结构，拥有所属类的属性。定义实例的过程分为三步：第一步，定义实例的所属类，这样实例就拥有所属类的对象属性和数值属性；第二步，对该实例的对象属性实例化，建立具体实例和实例之间的关联；第三步，对该实例的数值属性实例化，确定每个属性的具体值或者取值范围。只有在实例化之后，定义的类和属性才具有实用价值。

为了使定义的实例具有科学依据，根据大量植物学和生态学的相关材料和数据，建立了 50 个植物实例，包括马尾松、木荷、锥栗、红松、冷杉、银杏、圆柏、刺柏、红豆杉、板栗、石竹、毛白杨、垂柳等常见植物；建立了三个典型群落，即长白山红松群落[116]、元宝山冷杉群落[117]和鼎湖山马尾松-木荷群落[118]，对应群落建立了三种环境，即长白山环境、元宝山环境、鼎湖山环境；根据植物种类的不同，建立了 100 个不同种类的枝条、叶、花、果实实例。实例的详细描述将在第 3 章和第 4 章进行介绍。

4. 公理集合

公理集合中每个公理是对类的数值属性和对象属性的约束，通过对植物个体生长规律和植物群落竞争规则的抽取，以 IF…THEN…语句的形式对公理进行描述。通过公理对数值属性和对象属性的约束，可以更加严格地体现现实世界中植物个体和植物群落的生长。

根据环境对植物生长的影响，从种内竞争模型和种间竞争模型中抽取了 30 条生长规律，具体描述将在第 3 章和第 4 章中进行介绍。

构造植物相关知识的概念集合、属性集合、植物个体和植物群落的实例集合以及植物生长的公理集合，完成植物群落建模的本体表达。

2.2.2　植物群落知识的 OWL 描述

为了实现对植物群落生长的知识查询，采用网络本体语言(web ontology language, OWL)对知识进行描述[119-121]，并以 OWL 文件的方式存储本体。

下面以枝条类的 OWL 描述进行举例说明。

```
<rdfs:Class rdf:ID="枝条">
    <rdfs:subClassOf>
    <rdfs:Class rdf:about="#几何结构"/>
    </rdfs:subClassOf>
    <rdfs:comment rdf:datatype="http://www.w3.org/2001/XMLSchema#string">
    </rdfs:comment>
</rdfs:Class>
//定义枝条类的层次结构和枝条的概念
<owl:DatatypeProperty rdf:ID="数量">
  <rdfs:domain>
    <owl:Class>
      <owl:unionOf rdf:parseType="Collection">
        <rdfs:Class rdf:about="#叶子"/>
        <rdfs:Class rdf:about="#果实"/>
        <rdfs:Class rdf:about="#花"/>
        <rdfs:Class rdf:about="#枝条"/>
      </owl:unionOf>
    </owl:Class>
  </rdfs:domain>
  <rdfs:range rdf:resource="http://www.w3.org/2001/XMLSchema#int"/>
```

```
</owl:DatatypeProperty>
//定义数量数值属性，定义域和值域
<branch rdf:ID="马尾松枝条">
    <Ispartof>
    <partial_structure rdf:ID="马尾松几何结构">
        <Haspart rdf:resource="#枝条"/>
        </Haspart>
    </partial_structure>
    </Ispartof>
</branch>
```
//定义马尾松枝条为枝条类的实例，并定义 Ispartof 和 Haspart 对象属性

本体中其他类的描述与枝条类似，通过本体描述语言对植物群落本体进行描述，使查询本体变得容易。SPARQL 语言就是针对 OWL 文件进行查询的一种特殊语言，具体将在第 6 章进行介绍。

2.3　森林中植物个体生长环境影响模型的建立及表达

2.3.1　个体生长的植物学知识

植物个体生长仿真模型的表达应该符合植物学知识，植物学知识主要包括植物的形态特性和生态特征。

1. 植物的形态特性

植物的形态特性是由几何结构和拓扑结构两部分构成的[122]。植物的几何结构用来描述植物的整体结构以及各器官的三维几何信息，如各器官的尺寸、形状和角度等；植物的拓扑结构用来描述组成植物的各部分之间的关系和分布状况，生成植物的三维空间结构。

1）植物的几何结构描述

植物的生长是由各个器官的不断发育、分裂引起的。一般植物是由根、茎、叶、花、果实五个器官组成的。这里只讨论地上部分，也即茎、叶、花和果实四部分。其中，茎又可以继续分解为主干和枝条。每一个器官都可以用一些属性来描述，主干的属性主要包括长度、半径、长度增长系数、纹理等；枝条的属性主要包括长度、半径、长度增长系数、夹角、数量等；叶、花、果实的属性包括颜色、大小、数量、角度、形状等；植物的属性主要包括年龄、高度、胸径、冠幅、植物状态等。这些属性为植物仿真时所需要的绘制参数。植物的几何结构描述如

图 2.3 所示。

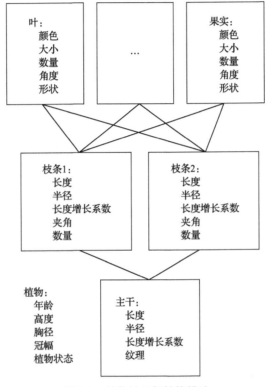

图 2.3　植物的几何结构描述

2)植物的拓扑结构描述

根据文献[122],从植物的整体形状、植物的分枝方式、植物的叶序、植物的花序四个方面刻画植物的空间三维结构。

(1)植物的整体形状。

植物的整体形状可以分为五种:窄锥形、宽锥形、窄柱形、宽柱形和宽展开形[122],如图 2.4 所示。这些形状主要是由冠幅和侧枝的长度不同引起的,可以通过引进冠幅、枝条长度增长系数这两个参数来区分植物的整体形状。具体的数值关系如表 2.1 所示。

(2)植物的分枝方式[122]。

单轴分枝:芽不断向上生长,成为粗壮主干,各级分枝自下而上依次细短,树冠呈尖塔形。单轴分枝方式的结构如图 2.5(a)所示,多见于裸子植物,如松杉类的柏、杉、水杉和银杉,以及部分被子植物,如毛榉等。

合轴分枝:茎在生长中,顶芽生长迟缓,或者很早枯萎,或者为花芽,顶芽下面的腋芽迅速开展,代替顶芽的作用,如此反复交替进行,成为主干。这种主

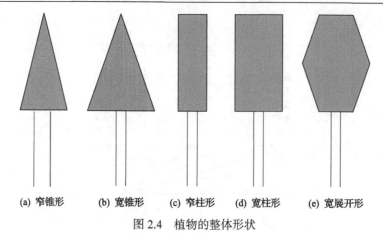

(a) 窄锥形　　(b) 宽锥形　　(c) 窄柱形　　(d) 宽柱形　　(e) 宽展开形

图 2.4　植物的整体形状

表 2.1　植物的整体形状与冠幅和枝条长度增长系数的关系

植物的整体形状	冠幅	枝条长度增长系数
窄锥形	< 3m	<1
宽锥形	>3m	<1
窄柱形	<3m	=1
宽柱形	>3m	=1
宽展开形	>3m	先>1，后<1

干是由许多腋芽发育的侧枝组成的，称为合轴分枝。合轴分枝的各级侧枝也是由同样方式产生的。这种分枝在幼苗期间较为明显，但大量次生结构形成以后，老枝增粗，很难区分。合轴分枝方式的结构如图 2.5(b) 所示。合轴分枝的植株，树冠开阔，枝叶茂盛，有利于充分接收阳光，是一种较进化的分枝类型，大多见于被子植物，如桃子、李子、苹果、马铃薯、番茄、无花果和桉树等。

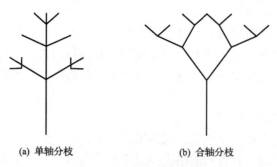

(a) 单轴分枝　　　　　　　(b) 合轴分枝

图 2.5　分枝方式结构图

(3) 植物的叶序[122]。

互生(alternate)叶序：在茎枝的每个节上交互地着生一片叶，通常呈螺旋状分布，典型的植物有樟树、向日葵等，如图 2.6(a)所示。

对生(opposite)叶序：在茎枝的每个节上相对地着生两片叶，如图 2.6(b)所示。两片叶排列于茎的两侧，称为两列对生；茎枝上着生的上、下对生叶错开一定的角度而展开，通常交叉排列成直角，称为交互对生，典型的植物有女贞、石竹等。

轮生(whorled)叶序：每个节上着生三片或三片以上的叶，进行辐射排列，如图 2.6(c)所示，典型的植物有夹竹桃、百部等。

簇生(fascioled)叶序：两片或两片以上的叶着生在节间极度缩短的茎上，如图 2.6(d)所示，典型的植物有马尾松、银杏、雪松等。

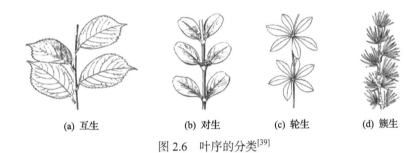

(a) 互生　　　　(b) 对生　　　(c) 轮生　　　(d) 簇生

图 2.6　叶序的分类[39]

(4)植物的花序[122]。

总状花序(raceme)：花轴单一，较长，自下而上依次着生有柄的花朵，各花的花柄大致长短相等，开花的顺序自下而上，如紫藤、荠菜、油菜的花序。

穗状花序(spike)：花轴直立，其上着生许多无柄小花，小花为两性花。禾本科、莎草科、苋科和蓼科中许多植物都具有穗状花序。

伞房花序(corymb)：或称为平顶总状花序，是变形的总状花序，不同于总状花序之处在于，花序上各花的花柄长短不一，下部花的花柄最长，越靠近花轴上部的花的花柄越短，使得整个花序上的花几乎排列在一个平面上。花有梗，排列在花序轴的近顶部，下边的花梗较长，向上渐短，花位于一个近似平面上，如麻叶绣球、山楂等；几个伞房花序排列在花序总轴的近顶部者称为复伞房花序，如绣线菊。伞房花序植物的开花顺序通常为由外向内依次开放，如梨、苹果、樱花等。

头状花序(capitulum)：花轴极度缩短而膨大，扁形，铺展，各苞片叶常集成总苞，花无梗，多数花集生于一个花托上，形成状如头的花序，如菊、蒲公英和向日葵等。

伞形花序(umbel)：花轴缩短，大多数花着生在花轴的顶端。每朵花有近于等长的花柄，从一个花序梗顶部伸出多个花梗近等长的花，整个花序形如伞，称为伞形花序。每一小花梗称为伞梗，如人参、五加和常春藤等。

2. 植物的生态特征

植物的生态特征主要是指植物生长对环境的需求。不同种类的植物对环境的需求各不相同，主要从植物对阳光、水分、土壤、温度的需求来描述植物的生态特征。

按照年平均阳光强度的不同将植物分为阴性植物和阳性植物，按照年降水量的多少将植物分为湿生植物、中生植物和旱生植物，按照年平均温度的不同将植物分为窄温植物和广温植物，按照 pH 值的不同分为酸性土植物、中性土植物和碱性土植物。

2.3.2　植物学知识的本体表达

1. 植物学知识的概念集合

植物学知识的概念集合由植物生态特征集合和植物形态特性集合构成。植物形态特性集合又由拓扑结构集合和几何结构集合构成。下面依次描述各个类。

(1)拓扑结构类：描述组成植物的各部分之间的关系和分布状况。父类是形态特性类，子类是整体形状、叶序类、分枝方式类和花序类。

整体形状类：描述树冠的轮廓。父类是拓扑结构类，没有子类。拥有 5 个实例，分别对应植物学知识中的宽展开形、宽锥形、窄锥形、宽柱形和窄柱形。

叶序类：描述植物枝条节点上叶子的排列方式。父类是拓扑结构类，没有子类。拥有 4 个实例，分别是簇生叶序、互生叶序、对生叶序和轮生叶序。

分枝方式类：描述植物各枝条的生长排列。父类是拓扑结构类，没有子类。拥有 2 个实例，分别是单轴分枝和合轴分枝。

花序类：描述枝条节点上花的排列方式。父类是拓扑结构类，没有子类。拥有 5 个实例，分别是伞形花序、伞房花序、总状花序、头状花序和穗状花序。

(2)几何结构类：用来描述植物的整体结构以及各器官的三维几何信息。父类是形态特性类，子类是主干类、枝条类、叶子类、花类和果实类。

枝条类：着生在主枝上的永久性骨干枝称为枝条，枝条类主要描述不同种类植物所具有的不同枝条的形态。父类是几何结构类，没有子类。

花类、叶子类和果实类的描述与枝条类类似，这里不再赘述。

2. 植物学知识的属性集合

为了将植物学中概念之间的关联表示清楚，定义 Haspart 和 Ispartof 属性。

在类的层次结构图中，每个节点表示一个抽象或者具体的类，节点之间存在整体和部分的关系，这种关系即是一种对象属性。在 PO 中，通过定义 Haspart 和 Ispartof 属性来描述这种关系。Haspart 属性表示一个整体由哪些部分构成，从类的层次结构图中可以看出，具有 Haspart 属性的有很多，例如，植物由生态特征和形态特性构成，它的形式化描述是 Haspart={植物，生态特征∪形态特性}。本章还定义了该属性的逆属性 Ispartof，表示一个部分属于哪个整体，例如，生态特征和形态特性都是植物的一部分，它的形式化描述是 Ispartof={生态特征∪形态特性，植物}。图 2.7 是 Haspart 和 Ispartof 属性在植物个体模型中的表示。

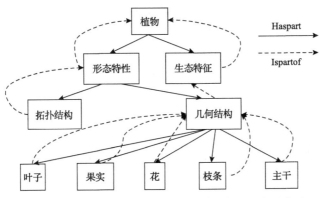

图 2.7　Haspart 和 Ispartof 属性在植物个体模型中的表示

为了更详细地描述植物学知识，采用数值来表达诸如叶子的颜色、数量，以及枝条的长度、半径等属性。这些属性存储在本体中，当用户输入某个物种时，查询本体可将匹配到的数值属性返回给用户，而这些数值属性本身即是用于仿真时的图形绘制参数。每个类都有自己特有的数值属性，本节介绍几何结构类中叶子类和枝条类的属性。叶子类和枝条类的数值属性如图 2.8 所示。

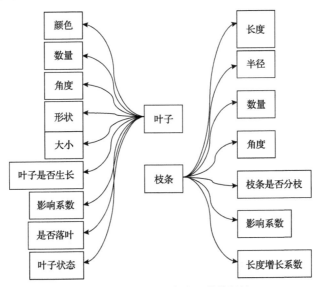

图 2.8　叶子类和枝条类的数值属性

枝条类的各个数值属性定义如下。

长度：分为主干长度和枝条长度。主干长度根据植物种类的不同，定义也不同，马尾松的主干长度定义为植物高度的1/3；假设用圆柱来模拟枝条，则枝条长度定义为圆柱底面圆心与顶面圆心的距离。属性值类型为 float 型，定义域为枝条类∪主干类。

半径：假设用圆柱来模拟枝条，则枝条半径定义为圆柱的底面圆半径。属性值类型为 float 型，定义域为枝条类。

数量：分为枝条数量、叶子数量、花数量、果实数量、植物数量和种群数量。属性值类型为 int 型，定义域为枝条∪叶子∪花∪果实∪种群的植物数量∪群落的种群数量。

角度：分为枝条角度、叶子角度、花角度和果实角度。这里的角度是着生角度，例如，枝条角度定义为枝条与主干之间的夹角，叶子角度定义为叶子与其着生的枝条之间的夹角。属性值类型为 int 型，定义域为枝条∪叶子∪花∪果实。

枝条是否分枝：根据环境影响中阳光对枝条的影响，可以分为三种情况，第一种是枝条生长但不分枝，第二种是枝条分枝，第三种是枝条不生长。设置枝条是否分枝这个属性就是为了区分这三种情况，分别用 0、1、2 表示。属性值类型为 int 型，定义域为枝条类。

影响系数：分为枝条影响系数、叶子影响系数、主干影响系数。由于不同的阳光和水分对叶子、枝条、主干的生长产生的影响不同，所以通过改变影响系数来影响叶子的大小、枝条和主干的半径。当阳光较强时，如果植物是阳性植物，那么影响系数就大，反之影响系数就小。属性值类型为 float 型，定义域为枝条∪叶子∪主干。

长度增长系数：定义为上层枝条长度与下层枝条长度的比值，主要根据冠幅组合判断植物的整体形状。

下面介绍叶子类的数值属性，其中数量和角度是与枝条类共用的属性。这里列出叶子类其他几个数值属性的定义。

颜色：分为主干颜色、叶子颜色、花颜色和果实颜色。属性值类型为 string 型，定义域为主干∪叶子∪花∪果实。

形状：分为叶子形状、花形状和果实形状。根据植物种类不同，其形状也各自不同，在植物实例化之后，属性值也就相应确定。属性值类型为 string 型，定义域为叶子∪花∪果实。

大小：分为叶子大小、花大小和果实大小。叶子、花和果实在生长过程中大小是不断变化的，所以通过这个属性能够体现出同一植物上不同大小的叶子、花和果实。叶子大小定义为叶子的最大直径，花大小定义为开放之后花边缘的最大直径，如果是花苞，则为 0，果实大小定义为果实的最大直径。属性值类型为 float

型，定义域为叶子∪花∪果实。

　　叶子是否生长：根据阳光对叶子的影响，分为两种情况：一种是叶子生长，生长用 TRUE 表示；另一种是叶子不生长，不生长用 FALSE 表示。属性值类型为 bool 型，定义域为叶子类。

　　是否落叶：分为落叶植物和常绿植物，通过是否落叶这个属性来判断某种植物属于哪一种。TRUE 表示落叶植物，FALSE 表示常绿植物。属性值类型为 bool 型，定义域为叶子类。

　　叶子状态：对于落叶植物，季节是秋季或者冬季，就没有叶子，是春夏季则有叶子。0 表示没有叶子，1 表示有叶子。

　　下面定义植物类的数值属性，如图 2.9 所示。

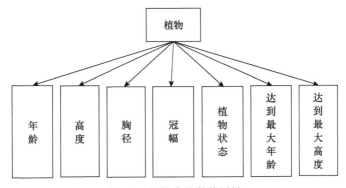

图 2.9　植物类的数值属性

　　年龄：定义植物从出生到现在的生长年限。许多属性都与年龄有关，例如，高度、胸径等随着年龄的增长发生变化。属性值类型为 int 型，根据植物种类不同，定义年龄的最大值，定义域为植物类。

　　高度：定义植物地上部分的高度（从地面到冠顶）。属性值类型为 float 型，定义域为几何结构类。

　　胸径：定义植物在距地面 1.3m 处的植物直径。属性值类型为 float 型，定义域为几何结构类。

　　冠幅：树冠的幅度。结合枝条长度增长系数判断植物的整体形状。

　　植物状态：在竞争模型中，竞争的结果有三种，第一种是植物生长，第二种是植物保持，第三种是植物死亡。设置植物状态属性值为 0、1、2，分别代表这三种状态。定义域为植物类。

　　达到最大年龄：在无外界干扰的情况下植物存活的最大年限，达到这个年龄之后就死亡。0 表示达到最大年龄，1 表示未达到最大年龄。

　　达到最大高度：植物达到最大高度之后，就不会再生长。0 表示达到最大高度，1 表示未达到最大高度。

生态特征类用到环境类中的光照强度、降水量、平均温度和 pH 值等属性，通过将这几个属性的定义域设置为环境生态特征类，就可以实现属性的共享。除了这几个属性之外，生态特征类还需要定义以下数值属性[123]。

耐阴度：植物对阳光的需求。对阳光需求高，则耐阴度低，反之耐阴度高。耐阴度在植物的竞争模型中也有应用。

LP：表示整个植物在所有光束作用下产生的光合作用产物。定义域为生态特征类。每种植物由于对阳光的需求不同，LP 也不同。

LM：对应光照模型中的 LM，表示叶子生长所需要的光合作用产物。定义域为生态特征类。

PB：对应光照模型中的 PB，表示枝条分枝所需要的光合作用产物。

PG：对应光照模型中的 PG，表示枝条生长所需要的光合作用产物。

3. 植物学知识的实例集合

本章在植物学知识建模过程中构建了 50 种常见植物，这里仅以马尾松为例，介绍马尾松的形态特性和生态特征的实例化过程。

1）马尾松的形态特性

马尾松，常绿乔木，高达 45m，胸径 1m，树冠呈窄锥形；干皮红褐色，呈不规则裂片；一年生小枝淡黄褐色，单轴分枝；褐色叶，2 针 1 束，罕 3 针 1 束，长 12～20cm，簇状叶序；球果长卵形，长 4～7cm，有短柄；花似马尾，呈穗状，淡黄色，花期 4 月；果实次年 10～12 月成熟。

根据以上描述，利用构建的概念集合和属性集合，将马尾松的形态特性进行抽象，下面按照实例化的三个步骤进行介绍。首先，马尾松的形态特性是形态特性类的一个实例，具有形态特性类的属性；其次，对马尾松形态特性的对象属性进行实例化，对象属性 Haspart={形态特性, 拓扑结构∪几何结构}，形态特性是定义域，拓扑结构和几何结构的并集是值域，在这里演变成具体实例和实例之间的关系，但实例都必须属于各自的定义域和值域，于是，Haspart={马尾松的形态特性, 马尾松的拓扑结构∪马尾松的几何结构}，Ispartof={马尾松的形态特性, 马尾松}；最后，对马尾松的数值属性进行实例化，马尾松的形态特性主要有马尾松的年龄、高度、胸径三个数值属性，当这些数值属性确定为某一个实例的属性时，就被赋予特定的值。形式化描述分别是：年龄={马尾松的形态特性, 5 年}，马尾松的形态特性表示年龄所属的实例，5 是年龄的具体数值，同理，高度={马尾松的形态特性, 4.8m}，胸径={马尾松的形态特性, 2.4cm}。马尾松不同年龄的高度和胸径如表 2.2 所示。

表 2.2　马尾松不同年龄的高度和胸径

年龄/年	高度/m	胸径/cm
5	4.8	2.4
10	8.1	8.5
15	11.6	13.0
20	15.6	18.5
25	18.8	21.7
30	21.2	25.0
35	22.4	26.7

可以看出，随着年龄的增长，马尾松的高度和胸径也在不断发生变化。可以通过年龄建立不同的实例，每个年龄的实例都具有各自的高度和胸径。

(1)马尾松的拓扑结构。

马尾松的拓扑结构作为拓扑结构类的一个实例，具有拓扑结构类的属性。马尾松的拓扑结构的对象属性实例化：Ispartof={马尾松的拓扑结构，马尾松的形态特性}，Haspart={马尾松的拓扑结构，窄锥形∪簇状叶序∪穗状花序∪单轴分枝}，其中，窄锥形是整体形状类的一个实例，簇状叶序是叶序类的一个实例，穗状花序是花序类的一个实例，单轴分枝是分枝方式类的一个实例。

(2)马尾松的几何结构。

马尾松的几何结构作为几何结构类的一个实例，具有几何结构类的属性。马尾松的几何结构的对象属性实例化：Ispartof={马尾松的几何结构，马尾松的形态特性}，Haspart={马尾松的几何结构，马尾松叶子∪马尾松花∪马尾松果实∪马尾松枝条∪马尾松主干}；几何结构没有设置数值属性，其实例，即马尾松的几何结构也就没有数值属性。

(3)马尾松叶子。

马尾松叶子作为叶子类的一个实例，具有叶子类的所有属性。马尾松叶子的对象属性实例化为：Ispartof={马尾松叶子，马尾松的几何结构}，Iseffected={马尾松叶子，阳光∪水分}；马尾松叶子的数值属性实例化：颜色={马尾松叶子，褐色}，形状={马尾松叶子，针状}，数量={马尾松叶子，3 片}，大小={马尾松叶子，15cm}，角度={马尾松叶子，15°}，叶子是否生长={马尾松叶子，TRUE}，叶子生长影响系数={马尾松叶子，0.8}，是否落叶={马尾松叶子，FALSE}，叶子状态={马尾松叶子，1}。每个属性的含义在属性集合中已经解释，这里不再赘述。

(4)马尾松花。

马尾松花是花类的一个实例，其对象属性的设置与马尾松叶子类似，这里只阐述马尾松花数值属性的实例化。颜色={马尾松花，淡黄色}，形状={马尾松花，马尾}，数量={马尾松花，10 朵}，角度={马尾松花，30°}，是否开花={马尾松花，TRUE}，花期={马尾松花，4 月}。

(5) 马尾松果实。

马尾松果实的数值属性实例化：颜色={马尾松果实, 褐色}, 形状={马尾松果实, 长卵}, 数量={马尾松果实, 20 个}, 角度={马尾松果实, 20°}, 大小={马尾松果实, 5cm}, 是否结果={马尾松, TRUE}, 果期={马尾松果实, 12 月}。

(6) 马尾松枝条。

马尾松枝条的数值属性实例化：颜色={马尾松枝条, 淡黄褐色}, 长度={马尾松枝条, 3m}, 影响系数={马尾松枝条, 1.5}, 半径={马尾松枝条, 3cm}, 角度={马尾松枝条, 30°}, 长度增长系数={马尾松枝条, 0.8}。其中, 影响系数是根据环境影响模型中的计算公式(4.2)得出的。

(7) 马尾松主干。

马尾松主干的数值属性实例化：长度={马尾松主干, 3m}, 颜色={马尾松主干, 红褐色}, 影响系数={马尾松主干, 3.2}。

2) 马尾松的生态特征

马尾松是阳性树种, 喜光、喜温。适生于年平均温度 13～22℃、年降水量 800～1800mm、微酸性土壤环境中。幼年稍耐荫蔽, 能在杂草丛中生长, 3～4 年后穿出杂草丛逐渐郁闭成林, 是江南及华南自然风景区和普遍绿化及造林的重要树种。

马尾松的生态特征的部分数值属性实例化：耐阴度={马尾松的生态特征, 弱}, 年平均温度={马尾松的生态特征, 13～22℃}, 年降水量={马尾松的生态特征, 800～1800mm}, pH 值={马尾松的生态特征, <6.0}, PB={马尾松的生态特征, 0.8}, LM={马尾松的生态特征, 2.0}, PG={马尾松的生态特征, 0.4}, LP={马尾松的生态特征, 8.0}。

根据公理, 可以利用一些属性值的不同组合来推导某一个属性的确定值。当用户输入的参数满足前导条件时, 就可按照公理得到符合条件的结果。例如, 整体形状类有 5 条公理, 如表 2.3 所示。

表 2.3　整体形状类的公理集合

编号	公理描述
1	IF 冠幅<3m AND 枝条长度增长系数<1 THEN 整体形状=窄锥形
2	IF 冠幅>3m AND 枝条长度增长系数<1 THEN 整体形状=宽锥形
3	IF 冠幅<3m AND 枝条长度增长系数=1 THEN 整体形状=窄柱形
4	IF 冠幅>3m AND 枝条长度增长系数=1 THEN 整体形状=宽柱形
5	IF 冠幅>3m AND 枝条长度增长系数>1 THEN 整体形状=宽展开形

2.3.3　环境影响模型的建立

植物的生长必然受到自然界中环境因素的影响, 所以环境影响模型主要由具体的环境因素以及这些因素对植物生长行为的影响构成。在知识形式上，环境影响模型不同于植物学模型，并不只是简单的概念和参数。环境影响模型在包含典型环境因素的基础上，还体现出各个环境因素本身特有的性质，以及它们对植物生长影响行为的特性。

选取以下几个典型的环境因素，把它们对植物生长的影响结合到具体的知识建模过程中。

1. 阳光对植物生长的影响

所有的植物都直接或间接地依靠太阳辐射的能量来维持生命活动。植物通过光合作用把太阳能以潜在化学能的形式固定下来。

一般来说，阳光对植物生长产生影响的主要因素是光合面积。光合面积通常用叶面积指数来表示。假设 B 是某一直射光源的辐射量，即单位面积上单位时间太阳光的照射量[124]。对于该直射光源，叶簇 L_j 遮挡叶簇 L_i。为了计算该直射光源到达 L_i 上的光通量 Φ，将 L_i 和 L_j 投影到一个平面 P 上，计算出 L_i 的投影面积 A_i 和它们的公共投影面积 A_{ij}，那么该直射光源到达 L_i 上的光通量 Φ 可计算如下：

$$\Phi = (A_i - A_{ij})B + A_{ij}\gamma B \tag{2.1}$$

式中，γ 为 L_j 的透光率。

阳光主要对叶子和枝条的生长产生影响。可以利用植物生态特征类中的 LM、PG、PB、LP 属性来判断各个器官是否发育[123]。通过与环境交互可以得知直射光源照射在植物某叶簇上的光通量 Φ。当 $\Phi \times LP-LM \geq 0$ 时，表示叶子生长，反之表示叶子不生长；当 $\Phi \times LP-LM-PG \geq 0$ 时，表示枝条生长，但并不产生新的分枝，反之表示枝条不生长；当 $\Phi \times LP-LM-PB \geq 0$ 时，表示枝条产生新的分枝，反之表示枝条不产生新的分枝。不同植物对光的依赖各不相同，因而拥有不同的 LM、PG、PB 和 LP。

在叶子吸收 LM 的光合作用产物之后，剩余的光合作用产物将向下传递。假设叶簇 L_i 和 L_j 在接收各自的光通量 Φ_1、Φ_2 之后，产生的光合作用产物分别为 $\Phi_1 \times LP$、$\Phi_2 \times LP$，叶簇 L_i 和 L_j 生长需要吸收的光合作用产物均为 LM，则往下一层的枝条传递的光合作用产物各为 $\Phi_1 \times LP-LM$、$\Phi_2 \times LP-LM$；枝条传递到主干的光合作用产物为

$$(\Phi_1 \times LP - LM) + (\Phi_2 \times LP - LM) + \cdots + (\Phi_n \times LP - LM) - PB \tag{2.2}$$

式中，n 为子枝条数目。假设 $\Phi_1 = \Phi_2 = 0.49$、LP=8、LM=2、PB=0.8、PG=0.4，则光合作用产物的传递过程示意图如图 2.10 所示。

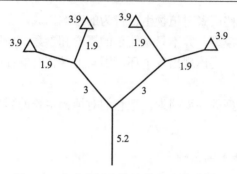

图 2.10　光合作用产物的传递过程示意图

基于上述理论，阳光对植物各部分的影响可以用式 (2.3) 进行描述：

$$\text{LEAF}'_{\text{area}} = f_1(\varPhi)\text{LEAF}_{\text{area}}$$
$$\text{BRANCH}'_{\text{width}} = f_2(\varPhi)\text{BRANCH}_{\text{width}} \quad\quad (2.3)$$
$$\text{TRUNK}'_{\text{diameter}} = f_3(\varPhi)\text{TRUNK}_{\text{diameter}}$$

式中，$\text{LEAF}_{\text{area}}$ 是正常阳光条件下的叶簇面积；$f_1(\varPhi)=\varPhi\times\text{LP}$ 是阳光对该叶簇的影响系数；$\text{LEAF}'_{\text{area}}$ 是在该阳光条件下的叶簇面积；$\text{BRANCH}_{\text{width}}$ 是正常阳光条件下的枝条半径；$f_2(\varPhi)=\varPhi\times\text{LP}-\text{LM}$ 是阳光对该枝条的影响系数；$\text{BRANCH}'_{\text{width}}$ 是在该阳光条件下的枝条半径；$\text{TRUNK}_{\text{diameter}}$ 是正常阳光条件下的胸径；$f_3(\varPhi)=(\varPhi_1\times\text{LP}-\text{LM})+(\varPhi_2\times\text{LP}-\text{LM})+\cdots+(\varPhi_n\times\text{LP}-\text{LM})-\text{PB}$ 是阳光对该主干的影响系数；$\text{TRUNK}'_{\text{diameter}}$ 是在该阳光条件下的胸径。

2.　水分对植物生长的影响

水分是植物生长必不可少的资源。当水分得到最有效的分配时，植物才能达到快速生长。植物的蒸腾作用是水分自下而上传输的动力。植物各个器官的蒸腾作用效率取决于各器官所获取阳光的多少，即水分按照各器官所获取阳光的多少来分配，获取的阳光多，蒸腾作用就旺盛，对水的拉动力就大，分配到的水分就多。如图 2.11 所示，主干或靠近主干的枝条水分较为充足，其他枝条的水分相对较少[125]。

图 2.11　水分分配图

假设有一枝干 S，C_S 为 S 上的子枝条，那么 S 所获取的阳光就是它所有子枝条所获取阳光的和，表示如下：

$$\text{AccumLight}(S) = \sum \text{AccumLight}(C_S) \tag{2.4}$$

借助阳光模型中每个枝条对光合作用产物的积累可以衡量获取阳光的多少。然后，假设枝干的总水量为 S_{water}，那么子枝条所分配到的子水量 $C_{S_{\text{water}}}$ 表示如下：

$$C_{S_{\text{water}}} = \text{AccumLight}(C_S) / \text{AccumLight}(S) \times S_{\text{water}} \tag{2.5}$$

式中，S_{water} 可以用单位 mm 来衡量。从水分的分配可以看出，接收到阳光越多的地方分配到的水分越多。

3. 温度对植物生长的影响

温度与植物生长的关系比较集中地反映在温度对植物生长速度的影响，即有效积温法则上[126]。有效积温法则的主要含义是植物在生长过程中必须从环境摄取一定的热量才能完成某一阶段的生长，而且植物各个生长阶段所需要的总热量是一个常数，可用式 (2.6) 来表示：

$$N \times T = K \tag{2.6}$$

式中，N 为生长所需的时间；T 为生长期间的平均温度；K 为总积温（常数）。

植物的生长是从某一温度开始的，而不是从 0℃ 开始的，植物开始生长的温度就称为生长起点温度。由于只有在生长起点温度以上的温度才是对生长有效的（C 表示生长起点温度），所以式 (2.6) 可以改写为式 (2.7)：

$$N \times (T - C) = K \tag{2.7}$$

式中，V 是生长速度，是生长所需时间 N 的倒数，即 $V = 1/N$。

式 (2.8) 相当于数学上的双曲线公式 $y = a + b / x$，表示温度与生长所需时间呈双曲线关系；而式 (2.9) 相当于数学上的直线关系 $y = a + bx$，表示温度与生长速度呈直线关系：

$$T - C = K / N \tag{2.8}$$

$$T = C + K \times 1 / N = C + KV \tag{2.9}$$

4. 季节对植物生长的影响

只考虑季节对植物叶子、花和果实的影响，也就是说，对于不同的植物，叶子、花和果实的发育季节也不尽相同。例如，马尾松是常绿植物，所以四季都会有叶子，花期和果期分别是 4 月和次年 10～12 月。

2.3.4　环境影响模型的本体表达

1. 环境影响的概念集合

阳光类：描述各种光照条件。拥有 5 个实例，分别为晴天早晨光照、晴天正午光照、晴天下午光照、阴天光照、雨天光照。利用光照强度属性值的不同进行区分。

水分类：描述各种降水条件。拥有 4 个实例，分别为降水过量、降水充足、降水适宜和降水稀少，按照平均降水量进行区分。

温度类：描述各种温度条件。拥有 5 个实例，分别为高温、中高温、中温、中低温和低温，按照平均温度进行区分。

土壤类：描述各种土壤条件。拥有 3 个实例，分别为酸性土壤、中性土壤和碱性土壤，按照 pH 值的不同进行区分。

季节类：描述四季。拥有 4 个实例，分别为春、夏、秋、冬。

2. 环境影响的属性集合

从环境影响模型中可以看出，环境与植物的各个器官之间存在影响和被影响的关系，所以本章定义 Haseffect 和 Iseffected 对象属性对这种关系进行形式化描述。

Haseffect 和 Iseffected：互为逆属性，用来描述环境与植物之间影响和被影响的关系。例如，阳光会对植物的枝条、叶子等的生长产生影响，而枝条、叶子等的生长速度也会因为光照的不同而不同。同样，水分、土壤、温度和季节也会对植物各器官的生长产生影响。环境影响模型的本体表达如图 2.12 所示。

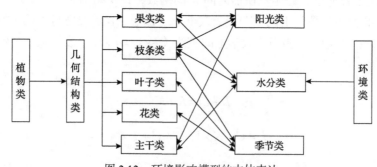

图 2.12　环境影响模型的本体表达

接下来定义环境影响知识的数值属性。

光照强度：某一直射光源的量子流密度，对应光照模型中的 B。不同的天气实例，光照强度的设置也不同，例如，晴天和阴天对应的光照强度就有很大差别。定义域为阳光类∪生态特征类。生态特征类中也应有光照强度，表示植物在最适宜天气条件下的光照强度。实例化之后，通过比较生态特征中的光照强度和具体环境下的光照强度来确定影响系数。例如，马尾松是阳性植物，生态特征中的光照强度比较强，如果现实环境条件的光照强度比较弱，那么枝条长度的影响系数小于 1，也就是说弱光照条件使马尾松生长得不如正常光照条件的高大。

平均温度：设置该属性主要是应用温度模型，通过比较平均温度和生长起始温度，判定该植物是否生长。

生长起始温度：每种植物的生长起始温度不尽相同。结合平均温度，利用式 (2.9) 就可以计算出温度对植物生长速度的影响。

pH 值：土壤的酸碱性指标。不同的植物适合生长的土壤环境不同。定义域为土壤类∪生态特征类。

平均降水量：每个月平均降水总量，单位为 mm。不同植物对水分的需求不同，与阳光强度属性的作用性质一样。根据降水量，结合水分模型中的式 (2.4)，就可以计算每根枝条获得的水分。

3. 环境影响的实例集合

鼎湖山环境：根据相关记载[127]，鼎湖山国家级自然保护区属低山丘陵地貌，海拔 14.1～1000.3m，土壤多为发育于砂岩和砂页岩母质上的赤红壤和黄壤。该区域属南亚热带季风湿润气候，年均气温 20.9℃，年平均降水量 1956mm，年相对湿度 81.5%。年平均温度={鼎湖山环境，20.9℃}，年平均降水量={鼎湖山环境，1956mm}，pH 值={鼎湖山环境，<6.0}。

4. 环境影响的公理集合

根据环境影响模型，可以构建环境影响的公理集合，如表 2.4 所示。

表 2.4　环境影响的公理集合

编号	公理描述
1	IF $\Phi \times LP - LM > 0$ THEN 叶子是否生长=TRUE
2	IF $\Phi \times LP - LM \leqslant 0$ THEN 叶子是否生长=FALSE
3	IF $\Phi \times LP - LM - PB > 0$ THEN 枝条是否分枝=1
4	IF $\Phi \times LP - LM - PG > 0$ AND $\Phi \times LP - LM - PB \leqslant 0$ THEN 枝条是否分枝=0
5	IF $\Phi \times LP - LM - PG < 0$ THEN 枝条是否分枝=2
6	IF 平均温度>生长起始温度 THEN 植物状态=0

编号	公理描述
7	IF 平均温度<生长起始温度 THEN 植物状态=1
8	IF 是否落叶=TRUE AND 季节=冬季 THEN 叶子状态=0
9	IF 是否落叶=TRUE AND 季节=春季 THEN 叶子状态=1
10	IF 是否落叶=FALSE THEN 叶子状态=1

2.4　森林中植物种群生长模型的建立及表达

2.3 节主要讨论了植物个体生长模型及其本体表达。本节将在植物个体生长模型的基础上构建植物种群生长模型，并采用本体进行表达。本节所涉及的植物之间的竞争关系，主要从种内竞争和种间竞争展开讨论。

2.4.1　种内竞争模型的建立及表达

1. 种内竞争模型

同种植物在同一环境下产生的资源(如阳光、水分等)竞争称为种内竞争[126]。种内竞争主要是由植物的不同高度引起的。越高大的植物，接收的阳光越多，对矮小植物产生的影响越大；相反，矮小植物接收的阳光较少，容易受到高大植物的影响，生长发育比较缓慢。所以，种内竞争对植物个体的影响主要体现在植物高度上。引入影响圈一词来描述种内竞争的过程，影响圈是指由相互影响的多棵植物构成的区域。每棵植物都有各自的影响圈，影响圈 q 的计算公式为 $q = \pi r^2$，其中，r 为该植物的胸径的 1/2，影响圈的大小决定了植物对资源的需求范围及对邻近植物的影响区域。相交的影响圈表示植物之间相互影响，相离的影响圈表示植物之间没有影响。

竞争过程可以通过以下三条规则来模拟[128]。

规则 1：当一个大圆与一个小圆相交时，小圆所代表的植物受到大圆所代表植物的控制，小圆所代表的植物死亡。

规则 2：如果一棵植物没有被控制，但已经长到最大高度，那么将不会再生长，相对应的圆不发生变化。

规则 3：如果一棵植物没有被控制，也没有长到最大高度，那么将继续生长，相对应的圆将变大。

可以用图 2.13 表示这三条规则。

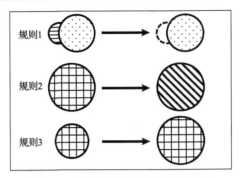

图 2.13　种内竞争对植物个体的影响

方格填充圈表示生长的植物，横线填充圈表示被控制的植物，斜线填充圈表示成熟不再生长的植物，黑点填充圈表示影响圈，虚线圆圈表示植物死亡。该模型存在不足，针对这些不足提出以下解决方案。

(1)规则 1 中，两个植物的影响圈相交，那么影响圈小的植物死亡。事实上，当一棵植物被另一棵植物遮挡时，要看被遮挡植物的耐阴度，即对阳光的需求程度。如果被遮挡植物的耐阴度高，那么该植物并不会立即死亡，只是生长速率变慢。在这种竞争条件下，植物的高度和在没有竞争的情况下相比会发生变化，所以将竞争因子引入植物高度的计算公式中[129]。若用 $h_i(t)$ 表示某植物个体在 t 时刻的高度，则在竞争条件下，$t+1$ 时刻该植物的高度就可以用式(2.10)进行计算：

$$h_i(t+1) = h_i(t)\left(1 + a\frac{1 - h_i(t)}{H}f_i(t)\right) \tag{2.10}$$

式中，a 表示该植物在没有竞争条件下的生长率；H 表示该植物在没有竞争条件下生长的最大高度；$f_i(t)$ 表示影响圈内的植物对该植物的影响，t 时刻时有

$$f_i = 1 - \frac{\sum_{j \neq i} \ell_{ij} \dfrac{h_j}{h_i}}{Q q_i} \tag{2.11}$$

其中，ℓ_{ij} 表示相邻植物交叉的阴影面积；Q 表示相邻植物对该植物的影响力；q_i 表示影响圈的面积。

若 $f_i=0$，则表示该植物不生长；若 $f_i=1$，则表示其他植物对该植物没有影响，可以生长到最大高度。f_i 越小，植物的存活率越低。

(2)在规则 2 中，成熟的植物不再生长，也就是说植物生长到最大高度之后就会停止生长。事实上，成熟的植物达到最大年龄之后也会死亡。因此，通过比较植物的生长年龄与最大年龄来判断该植物是存活还是死亡。

(3)在规则 3 中，没有竞争存在的植物继续生长，生长的高度用式(2.12)进行

计算：

$$h_i(t+1) = h_i(t)\left[1 + a\left(1 - \frac{h_i(t)}{H}\right)\right] \tag{2.12}$$

式(2.12)与竞争条件下的高度生长式(2.10)相比，少了竞争因子 $f_i(t)$。

通过上述模型，计算引进植物个体竞争因子之后的高度和胸径，完成了种内竞争模型的构建。

2. 种内竞争的本体表达

1)种内竞争的概念集合

种内竞争类：是为了描述种内竞争模型而建立的，父类是种群类，没有子类。种内竞争类主要有影响圈面积和个体间距离等属性。

2)种内竞争的属性集合

根据种内竞争模型，除了用到植物类的耐阴度、最大高度、最大年龄和植物状态等属性外，还需要定义以下数值属性。

影响圈面积：以植物胸径为直径的圆的面积。影响圈面积属性的设置主要在种内竞争模型中应用，通过影响圈的相交还是相离来判断植物之间的竞争影响。

影响圈状态：用来判断影响圈与相邻植物的影响圈是相交还是相离，1 表示相交，0 表示相离。通过对两个影响圈半径之和与个体间距离进行比较得出。

竞争因子：影响圈相交的植物之间的竞争影响大小。竞争因子利用式(2.11)求得。

个体间距离：相邻植物影响圈圆心之间的距离。通过该距离判断影响圈是相交还是相离，定义域为种群。

3)种内竞争的实例集合

在植物群落本体中定义 30 个种群实例，这里以马尾松种群为例介绍种群类的实例化过程。

马尾松种群：是种群类的一个实例。马尾松种群的对象属性 Haspart={马尾松种群, 马尾松种群整体特性∪马尾松种内竞争}。种群类没有设置数值属性，它的实例也就没有数值属性。

马尾松种内竞争：是种内竞争类的一个实例，它的数值属性主要有：个体间距离={马尾松种内竞争, 30cm}，影响圈面积={马尾松种内竞争, 2.8m^2}，影响圈状态={马尾松种内竞争, 1}，竞争因子={马尾松种内竞争, 0.8}。

4)种内竞争的公理集合

植物种内竞争的过程可以使用公理进行描述，种内竞争的公理集合如表 2.5所示。

表 2.5　种内竞争的公理集合

编号	公理描述
1	IF 胸径/2+(胸径)'/2<个体间距离 THEN 影响圈状态=0
2	IF 胸径/2+(胸径)'/2>个体间距离 THEN 影响圈状态=1
3	IF 影响圈状态=1 AND 耐阴度=弱 THEN 植物状态=2
4	IF 影响圈状态=1 AND 耐阴度=强 AND 最大年龄=1 AND 最大高度=1 THEN 植物状态=0
5	IF 影响圈状态=1 AND 耐阴度=强 AND 最大年龄=1 AND 最大高度=0 THEN 植物状态=1
6	IF 影响圈状态=0 AND 最大年龄=1 AND 最大高度=0 THEN 植物状态=1
7	IF 最大年龄=0 THEN 植物状态=2
8	IF 影响圈状态=0 AND 最大年龄=1 AND 最大高度=1 THEN 植物状态=0

2.4.2　种间竞争模型的建立及表达

1. 种间竞争模型

生活在同一地区的不同种群竞争利用相同的资源称为种间竞争。种间竞争对植物种群生长的影响主要体现在种群的出生率和死亡率，也即种群数量的变化上，使得植物群落的多度、盖度、密度等指标发生变化。洛特卡-沃尔泰拉(Lotka-Volterra)模型是在逻辑斯谛模型的基础上建立起来的[131]。现在考虑两个发生竞争的植物种群 N_1 和 N_2，它们各自的环境负荷量为 K_1 和 K_2(在没有竞争的情况下)，每个种群的最大瞬时增长率(瞬时出生率 – 瞬时死亡率)为 r_1 和 r_2。下面两个微分方程可以用来描述两个种群相互竞争时每个种群的增长情况：

$$\begin{cases} \dfrac{dN_1}{dt} = r_1 N_1 \dfrac{K_1 - N_1 - \alpha_{12} N_2}{K_1} \\ \dfrac{dN_2}{dt} = r_2 N_2 \dfrac{K_2 - N_2 - \alpha_{21} N_1}{K_2} \end{cases} \tag{2.13}$$

式中，α_{12} 和 α_{21} 是竞争系数。例如，α_{12} 是种群 2 的竞争系数，指种群 2 中每个个体对种群 1 的竞争抑制作用；同样，α_{21} 是种群 1 的竞争系数，指种群 1 中每个个体对种群 2 的竞争抑制作用。

实质上，在环境负荷量一定的情况下，可以被种群 1 利用的环境负荷量部分既与种群 1 的个体数量有关，又与种群 2 对同一资源的利用有关。如果 $\alpha_{12}=0$，说明 N_2 种群对 N_1 种群的增长没有任何影响；如果 $\alpha_{12}=0.5$，说明 N_2 种群中一个个体的资源利用量相当于 N_1 种群中一个个体对同一资源利用量的 1/2，换句话说，就

是 N_2 种群中 100 个个体对 N_1 种群增长的抑制作用，相当于 N_1 种群中 50 个个体对自身种群增长的抑制作用。

在没有竞争的情况下（即方程中的 α_{12} 或 N_2 等于零和 α_{21} 或 N_1 等于零），两个种群都增长到种群数量达到各自的环境负荷量为止（即达到平衡密度）。

根据定义，N_1 种群中每个个体对自身种群增长的抑制作用等于 $1/K_1$；同样，N_2 种群中每个个体对 N_2 种群增长的抑制作用等于 $1/K_2$。从式(2.13)的两个方程可以看出：N_2 种群中每个个体对 N_1 种群增长的抑制作用等于 α_{12}/K_1，而 N_1 种群中每个个体对 N_2 种群增长的抑制作用等于 α_{21}/K_2。在一般情况下，竞争系数是大于 0 且小于 1 的某个数值，竞争的结果取决于 K_1、K_2、α_{12} 和 α_{21} 这 4 个值的相互关系。以上 4 个值的不同组合可出现四种竞争结果，如表 2.6 所示。

表 2.6　种间竞争结果

种间竞争	种群 1 能抑制种群 2($K_2/\alpha_{21} < K_1$)	种群 1 不能抑制种群 2($K_2/\alpha_{21} > K_1$)
种群 2 能抑制种群 1($K_1/\alpha_{12} < K_2$)	两种群都能得胜	种群 2 总是得胜
种群 2 不能抑制种群 1($K_1/\alpha_{12} > K_2$)	种群 1 总是得胜	两种群都不能抑制对方(稳定平衡)

分析种间竞争的四种结果得出：当 N_2 种群数量达到 K_1/α_{12} 时，N_1 种群就不能再增长；同样，当 N_1 种群数量达到 K_2/α_{21} 时，N_2 种群就不能再增长。

因此，在没有竞争的情况下，两个种群处于各自环境负荷量(K_1 和 K_2)以下的任何密度时，都会表现为增长，而处于环境负荷量以上的任何密度时，都会表现为下降。正如前面已经提到的，在 N_2 种群中，只要有 K_1/α_{12} 个个体，N_1 种群无论处在什么密度下都会表现为下降；同样，在 N_1 种群中，只要有 K_2/α_{21} 个个体，N_2 种群也总是表现为下降。

2. 种间竞争模型的本体表达

1)种间竞争的概念集合

种间竞争类：主要描述种群和种群之间对空间和资源的竞争，构建该类用于描述种间竞争模型。父类是群落类，没有子类。拥有种间竞争系数等属性。

群落整体特性类：主要描述群落演替过程中所表现出来的特性，如优势种、多样性、盖度等。父类是群落类，没有子类。

2)种间竞争的属性集合

分析种间竞争模型可以看出，除了用到种群中的环境容纳量、种群数量、出生率和死亡率等数值属性外，还需要定义以下数值属性。

优势种：大小、数量对群落产生重大影响的种群称为优势种。在群落的动态演替过程中，优势种不断发生变化。定义域为群落。

种群 1 对种群 2 的竞争系数: 对应种间竞争模型中的 α_{21}, 表示种群 2 中每个个体对种群 1 的竞争抑制作用。

种群 2 对种群 1 的竞争系数: 对应种间竞争模型中的 α_{12}, 表示种群 1 中每个个体对种群 2 的竞争抑制作用。

种间竞争结果: 根据 Lotka-Volterra 模型, 竞争有四种结果, 即两种群都得胜、种群 1 得胜、种群 2 得胜、稳定平衡, 分别用 0、1、2、3 代表这四种结果。

3) 种间竞争的实例集合

鼎湖山国家级自然保护区在广东省肇庆市东北部, 总面积 1155m²。鼎湖山针阔混交林多分布于自然林的林缘, 是人工种植未抚育的马尾松林, 后经 40 年的封山育林由阔叶树种侵入发展而成, 是人工林过渡到半自然林的类型。马尾松-木荷群落是代表性群落[132-134]。因此, 根据木荷的生态特征和生长特性[135], 可知木荷实例化的过程与马尾松类似, 这里不再赘述。下面对鼎湖山群落进行实例化。

优势种={鼎湖山群落, 马尾松}, 面积={鼎湖山群落, 1155m²}, 种群 1 对种群 2 的竞争系数={鼎湖山群落, 0.8}, 种群 2 对种群 1 的竞争系数={鼎湖山群落, 0.3}, 种间竞争结果={鼎湖山群落, 1}。这里的种群 1 表示马尾松种群, 种群 2 表示木荷种群。按照鼎湖山群落的数据, 马尾松的数量比较多, 木荷数量比较少, 马尾松占有的环境资源比木荷多, 所以马尾松对木荷的竞争系数大。这几个属性都在种间竞争模型中得到应用, 并通过属性值的不断改变来模拟群落的动态变化。

4) 种间竞争的公理集合

根据种间竞争模型, 建立种间竞争的公理集合, 如表 2.7 所示。

表 2.7 种间竞争的公理集合

编号	公理描述
1	IF $K_2/\alpha_{21} < K_1$ AND $K_1/\alpha_{12} < K_2$ THEN 种间竞争结果=0
2	IF $K_2/\alpha_{21} < K_1$ AND $K_1/\alpha_{12} > K_2$ THEN 种间竞争结果=1
3	IF $K_2/\alpha_{21} > K_1$ AND $K_1/\alpha_{12} < K_2$ THEN 种间竞争结果=2
4	IF $K_2/\alpha_{21} > K_1$ AND $K_1/\alpha_{12} > K_2$ THEN 种间竞争结果=3

2.4.3 植物种群生长模型的建立及表达

1. 植物种群生长模型的建立

对植物个体的影响可以用高度和胸径来表示, 但是在描述植物种群生长时, 主要是看种群数量的波动, 即出生率和死亡率的动态变化。种群不能无限制增长, 那么是什么力量制约着种群增长呢? 在一个封闭系统中, 一个种群在达到平衡点之前, 将会一直处于增长状态, 这个平衡点就是出生率等于死亡率。从图 2.14 的简单模型中可以看出种群达到平衡点的 3 种方式：随着种群密度的增加，要么是出生率下降，要么是死亡率升高，或者两者同时发生。下面介绍几个名词。如果死亡率是随着种群密度的增加而升高的，那么这种死亡率称为密度制约死亡率（图 2.14（a）和图 2.14（c））。同样，如果出生率随着种群密度的增加而下降，那么这种出生率称为密度制约出生率（图 2.14（a）和图 2.14（b））。另一种可能是，出生率和死亡率都不随种群密度的增加而改变，称为非密度制约[130]。

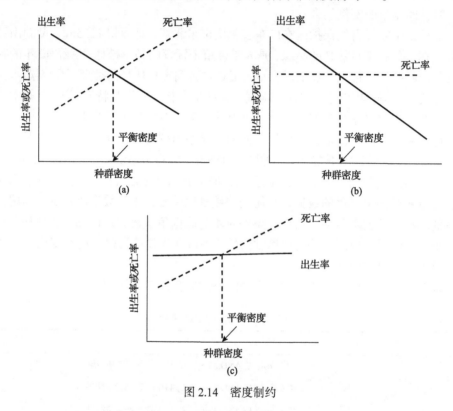

图 2.14　密度制约

　　种群的生长都是有限的，因为植物种群的数量会受到资源和竞争的限制。也就是说，植物种群的出生率和死亡率都随着种群密度的变化而变化，当种群密度大时，种群内个体之间对资源的竞争也更为激烈，由环境资源决定的种群限度称为环境容纳量（K_c），即某一环境所能维持的种群数量。环境容纳量可以引入种群增长方程，因为随着种群数量的增加，种群增长率会下降，当种群数量等于环境容纳量时，种群会停止增长，此时种群数量不再发生变化[130]。为了描述种群数量的增长过程，必须引入一个包括 K_c 的方程，即

$$\frac{\mathrm{d}N}{\mathrm{d}t} = \frac{K_c - N}{K_c} gN \tag{2.14}$$

式中，$\dfrac{\mathrm{d}N}{\mathrm{d}t}$ 是种群的瞬时增长量；g 是个体增长率，即出生率－死亡率；N 是种群数量；$\dfrac{K_c - N}{K_c}$ 是逻辑斯谛系数。

当 $N > K_c$ 时，$\dfrac{K_c - N}{K_c}$ 是负值，密度制约因素对种群的作用增强，使死亡率升高，种群数量下降；当 $N < K_c$ 时，$\dfrac{K_c - N}{K_c}$ 是正值，密度制约因素对种群的作用减弱，使死亡率下降，种群数量上升；当 $N = K_c$ 时，$\dfrac{K_c - N}{K_c} = 0$，种群数量不增不减。可见，逻辑斯谛系数对种群数量的变化有一种制动作用，使种群数量总是趋于环境容纳量，形成一种 S 型生长曲线[130]，如图 2.15 所示。

逻辑斯谛增长只是表示单一种群的增长量和种群中个体的增长率[130]，但在植物群落中存在多个种群，种群和种群之间的竞争也会对种群的生长产生影响，那么就需要在逻辑斯谛模型中引入竞争因子，所以接下来讨论种间竞争对植物种群生长产生的影响。

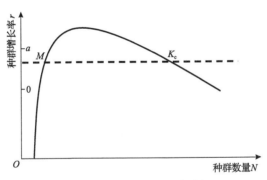

图 2.15　种群的逻辑斯谛增长

2. 植物种群生长模型的本体表达

1)种群生长的概念集合

种群整体特性类：主要描述整个种群所体现出来的特性，如出生率、死亡率、种群数量等。父类是种群类，没有子类。

2)种群生长的属性集合

环境容纳量：由环境资源决定的种群限度。属性值类型为 int 型，定义域为种群类。

面积：种群的地面面积。

出生率：种群中每年每 100 个个体的出生数，如 12%，表示平均 100 个个体出生了 12 个个体。定义域为种群类。

死亡率：种群中每年每 100 个个体的死亡数。定义域为种群类。

种群数量：该种群中不同年龄的植物的总量。

3）种群生长的实例集合

马尾松种群：种群类的一个实例。马尾松种群的对象属性 Haspart={马尾松种群, 马尾松种群整体特性∪马尾松种内竞争}。种群类没有设置数值属性，其实例也就没有数值属性。

马尾松种群整体特性：种群整体特性类的一个实例。其数值属性主要有：出生率={马尾松种群整体特性, 0.2}，死亡率={马尾松种群整体特性, 0.1}，环境容纳量={马尾松种群整体特性, 640}，植物数量={马尾松种群整体特性, 176}，面积={马尾松种群整体特性, 500m^2}。出生率、死亡率、植物数量随着植物之间的竞争不断发生变化。

4）种群生长的公理集合

根据植物种群生长模型，建立植物种群生长的公理集合，如表 2.8 所示。

表 2.8　植物种群生长的公理集合

编号	公理描述
1	IF 环境容纳量<种群数量 THEN 死亡率升高
2	IF 环境容纳量=种群数量 THEN 死亡率不变
3	IF 环境容纳量>种群数量 THEN 死亡率下降

2.5　基于本体的森林群落知识库的构建与实现

2.5.1　基于本体的森林群落知识库的构建

森林景观的知识主要来自植物学、生态学、环境学等领域的文献和期刊，从这些知识源中获取植物整体特性、环境影响因素、植物群落特征等知识，并通过适当的算法将知识存储到知识库中。

为了实现植物学知识的共享，本节采用本体进行知识表示并构建森林群落知识库，描述了森林生态景观中有关植物群落、种群、环境和植物自身遗传特性等的陈述性知识、过程性知识和策略性知识，揭示植物生长发育规律，并支持对知识库中的知识进行推理。由于知识存储表示的层次性，知识库可以方便地进行知识推理、搜索等操作。利用本体构建的知识库可以方便地进行查询、插入、删除和更新等操作，并且知识库的改变不会影响应用程序的执行，不需要改变应用程序，从而保证了知识库良好的开放性和动态性。

采用本体表达算法建立基于本体的森林群落知识库,采用基于 IEEE 标准的一种本体分析算法建立本体文件。本体设计流程如图 2.16 所示。

(1)确定本体应用的目的和范围。根据植物学相关领域,建立相应的植物群落领域本体或过程本体,领域越大,所建本体越大,因此需限制研究的范围。

(2)本体分析。定义该领域本体所有术语的意义及它们之间的关系(该步骤对该领域越了解,所建本体越完善)。

(3)本体表达。一般用语义模型表示本体。

(4)本体评价。对本体进行评价,一个好的本体通常满足清晰性、一致性、完整性和可扩展性。清晰性是指本体中的术语必须是无歧义的;一致性是指术语之间的逻辑关系是一致的;完整性是指本体中的概念及关系是完整的,应包括该领域内的所有概念,但很难达到,需不断完善;可扩展性是指本体应用能够扩展,在该领域不断发展时能加入新的概念。

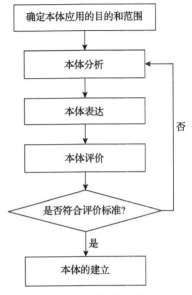

图 2.16　本体设计流程

(5)本体的建立。对所有本体按以上标准进行检验,符合要求的以文件的形式存放,否则,转到步骤(2)。

2.5.2　基于本体的森林群落知识库的实现

采用 Protégé 编辑器实现植物领域本体的计算机描述,能够定义类和类层次、属性关系和属性-值约束,以及类与属性之间的关系。将植物群落本体分为框架本体和实例本体,通过对其框架本体文件建模实现,如图 2.17 所示。

本体框架建好后,需要添加实例和属性值,再将该框架本体文件导入实例文件中,对其进行引用,如图 2.18 和图 2.19 所示。

将构建的植物领域本体以 OWL 文档的形式存储,OWL 是本体描述语言的一种,是为领域本体编写的清晰的、形式化的概念描述[136]。知识库以资源描述框架三元组的格式保存信息,知识系统中关于植物知识的查询模块将根据输入的查询信息与知识库中资源描述框架三元组进行匹配,返回与这三个参数匹配的所有三元组。如果在这三个参数的位置上任意一个为 Null,则认为该参数是匹配的,所以将(Null, Null, Null)返回知识库中的所有资源描述框架三元组,保存的 OWL 文件就是植物本体的形式化描述,如图 2.20 所示。

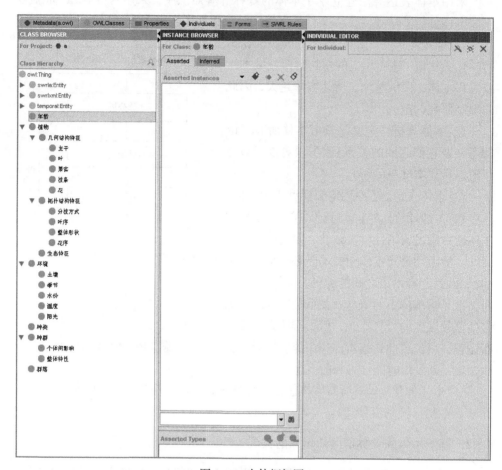

图 2.17　本体框架图

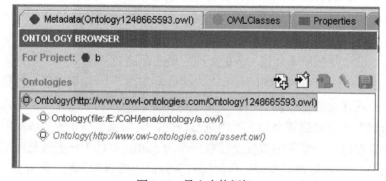

图 2.18　导入本体框架

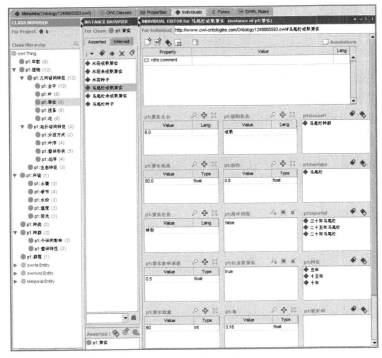

图 2.19　本体实例图

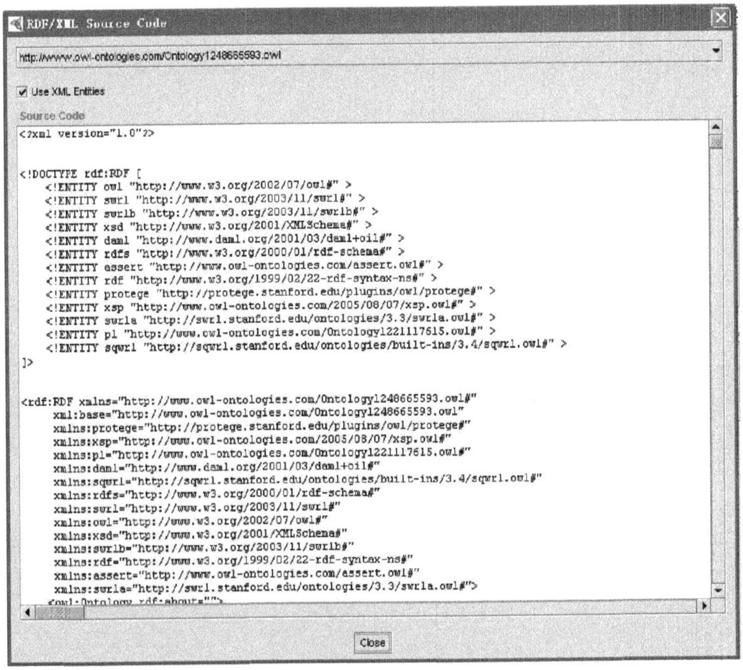

图 2.20　植物知识的 OWL 文件

2.6　本　章　小　结

　　本章主要讨论了植物群落生长模型、种内竞争模型和种间竞争模型的构建，分析竞争模型对植物群落演替的影响，并采用植物群落建模的本体表达算法对模型进行形式化描述。此外，还提取并构造了森林景观中植物群落生长所需的关键生物学特征以及特征模型之间的关联关系，建立了面向森林生态景观仿真的多维度知识表示体系，创建了支持不同规模仿真的分层知识表达框架，支持不同规模森林景观的生长知识模型之间的映射和转换。

第 3 章　大规模森林场景数据的组织算法

虚拟森林仿真系统的效率在很大程度上取决于森林场景数据的组织。植物生长模型求解过程中需要进行频繁的查找及内外存调度操作，如果数据组织不合理，将延缓整个计算过程，降低系统效率，因此对于植物生长计算，数据组织主要以如何加快数据查找速度为考虑因素。

三维虚拟森林场景可视化中数据组织的目的是将所有的相关数据采用合理的数据组织方式进行有效管理，并对其建立统一的空间索引，进而在场景仿真时可以快速地调度需要的场景和树木数据。森林场景数据内外存组织结构如图 3.1所示。

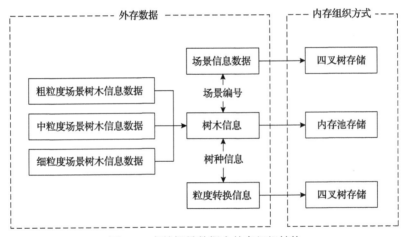

图 3.1　森林场景数据内外存组织结构

3.1　场景数据的分割

在大规模虚拟森林场景的仿真计算时，由于场景中树木繁多，要对其中每棵树木的生长信息进行存储需要占用很大的内存空间，且维护管理工作烦琐，严重影响了系统的运行效率。同时，如果一次性将所有的数据都调度到内存中直接进行仿真计算，仿真效率将非常低。所以，有必要将场景数据进行分割，建立索引，使得在仿真时能够快速找到所需数据。将场景数据按照地形的分块进行分割，对于地形的分块，是将地形按照基于宽度的四叉树分割算法进行的，同时计算保存节点对应块的相关信息，并根据块的大小和自行设定的条件来判断是否需要对块进行继续分割，如图 3.2 所示。

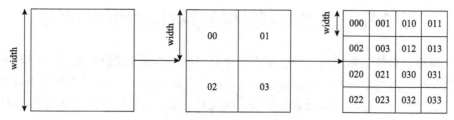

图 3.2　四叉树场景数据分割

首先，用户设定块的最小分块的最大宽度，即 Maxwidth，这个值是判断地形是否继续分割的条件。然后，采用自顶向下的方式进行分块。整个场景作为满四叉树的根节点，编号为 0，再从根节点出发，判断分块的宽度 width 是否小于设定的 Maxwidth，如果 width>Maxwidth，则继续分块，并对分块进行编号（00, 01, 02, 03）；如果 width<Maxwidth，则停止分块，并将最后的分块作为四叉树的叶子节点。最后，在分割结束后把所有的叶子节点都保存在数据库中。

3.2　树木与场景信息数据的外存存储

3.2.1　树木信息数据

在森林场景仿真中，不同规模的森林场景所要展现给用户的信息是不同的。为满足不同场景规模的虚拟森林仿真要求，便于森林生长计算模型的组织和管理，需要使用不同的植物生长模型对不同规模的森林场景进行模拟。本章根据场景规模的大小，将森林场景分为全林分、林分和单木三种类型，并使用林窗模型对全林分场景进行模拟，使用 Lotka-Volterra 模型对林分场景进行模拟，使用 Lotka-Volterra 模型结合环境模型对单木场景进行模拟。

1. 全林分场景树木信息数据

对全林分场景的计算主要使用林窗模型，林窗模型通过一个林窗大小由林地内树木的生长、更新和死亡来模拟整个森林场景在一个较长时间段内的演化过程。林窗模型主要考虑整个场景环境因素对植物生长的影响，包括光照、温度和土壤等[137]。

（1）光照因子限制方程。根据不同树种对光照条件需求的不同，光照对树木影响的函数为

$$r(Q_h) = c_1 + \{1 - \exp[-c_2(Q_h - c_3)]\} \tag{3.1}$$

式中，c_1、c_2 和 c_3 分别表示树种对光照条件的系数，即光饱和点、光反应曲率和光补偿参数；Q_h 表示森林内高度 h 处的通光量，光在森林内的衰减遵循比尔-朗伯（Beer-Lambert）定律：

$$Q_h = Q_0 \exp[-K_l(h)] \tag{3.2}$$

式中，Q_0 表示整个场景外入射光线强度；K_l 表示光线在森林中穿过林层时的消光系数。K_l 的值与场景林层的特性有关，如场景中树种对光照的吸收特性、树木叶子的倾角等，通常取值为 0.3～0.5。

（2）温度限制方程。在自然界中，每一个树种对环境温度都有一个适应的范围。当环境温度超出这个范围时，就会对植物的生长产生负面影响。对于较长时间范围内的森林场景仿真，与树木密切相关的温度指标是森林的有效积温，有效积温对树木生长的影响为

$$r(\mathrm{DD}) = 4(\mathrm{DD} - \mathrm{DD}_{\min})(\mathrm{DD}_{\max} - \mathrm{DD}) / (\mathrm{DD}_{\max} - \mathrm{DD}_{\min})^2 \tag{3.3}$$

式中，DD 为场景的有效积温；$\mathrm{DD}_{\max}$、$\mathrm{DD}_{\min}$ 分别为场景内树种能够生长的最大有效积温和最小有效积温。

（3）土壤限制方程。在森林中，土壤对树木生长的影响可以分为两部分：一部分是土壤肥力；另一部分是土壤水分。

首先，土壤肥力的不同对不同植物生长的影响差异显著。不同树木对土壤肥力的要求也不同，土壤肥力对树木生长的影响可以表示如下：

$$r(F) = R_1 + R_2 F - R_3 F^2 \tag{3.4}$$

式中，F 为场景内土壤肥力；R_1、R_2、R_3 为树木对土壤的回归系数。

其次，土壤水分含量对树木的生长也有很大的影响。本章主要从场景的干旱指数和树木本身的耐旱指数来分析土壤水分对树木生长的影响，可以表示如下：

$$r(D) = \left[(D^* - D) / D^*\right]^{1/2} \tag{3.5}$$

式中，D 为场景的干旱指数；D^* 为树木的最大耐旱指数。当 $D > D^*$ 时，表明场景的干旱程度超过了树木所能承受的最大限度，树木将无法生长，函数值设为 0。

在整个场景仿真的过程中，首先计算树木在最优环境下的生长，然后根据环境因素的影响对最优生长方程进行修正，最后得到树木最终的生长量。对于树木最优生长，主要考虑树木本身的条件，如树木的生长参数、胸径等。树木最优生

长表示如下：

$$\frac{dR}{dt} = \frac{G(1 - RH / R_{max} H_{max})}{RH_{max}\left[-Rb_1 b_2 \exp(b_1 R)\right]\left[1 - \exp(b_1 R)\right]^{b_2 - 1} + 2\left[1 - \exp(b_1 R)\right]} \tag{3.6}$$

式中，H、R 分别表示树木的高度和胸径；H_{max}、R_{max} 分别表示树木的最大高度和最大胸径；b_1、b_2 表示 Richard 方程参数。

在最优计算完成后，考虑环境条件对植物生长的约束，需要对生长方程进行修正，修正后的生长方程如下：

$$\frac{dR}{dt} = \left(\frac{dR}{dt}\right)_{max} f_1 f_2 \min(f_3, f_4) \tag{3.7}$$

式中，f_1、f_2、f_3、f_4 分别为光照、温度、土壤肥力、土壤水分对植物生长的约束系数。由于 f_3、f_4 均为土壤条件对植物生长产生的影响，计算时取其中较小的一个。

由前面的全林分场景植物生长模型可以得到全林分场景的树木信息，如图 3.3 所示。

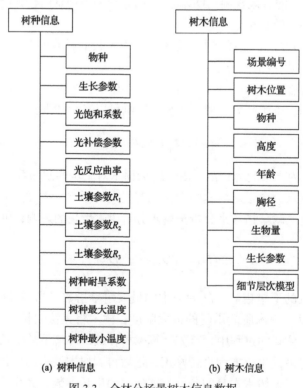

(a) 树种信息　　　　　　(b) 树木信息

图 3.3　全林分场景树木信息数据

2. 林分场景树木信息数据

采用 Lotka-Volterra 模型来模拟林分场景植物的生长。Lotka-Volterra 模型是由数学家 Lotka 和 Volterra 在逻辑模型的基础上提出的,用于模拟生物种群间的相互作用[138]。Lotka-Volterra 模型以竞争共存理论为基础,强调有差别的资源利用,即不同物种生活在一个相同的资源环境下有差别地利用不同的资源。在植物群落的生长中,单株植物的生长受到周围环境条件的约束,有最大生物量、最大生长速度,并且与周围其他树木存在相互影响。

Lotka-Volterra 模型描述如下:

$$\frac{\mathrm{d}N_i}{\mathrm{d}t} = r_i N_i \left(1 - \frac{N_i}{K_i} + \frac{1}{K_i} \sum_{j=1}^{m} a_{ij} N_j \right) \tag{3.8}$$

式中,N_i 表示植物 i 的生物量;$i=1,2,\cdots,n$,用于表示生长在一起的第 i 棵植物;$j=1,2,\cdots,m$,用于表示与植物 i 存在相互影响的第 j 棵植物;r_i 表示植物 i 在最优生长环境下的生长速度;K_i 表示植物 i 在该生长环境下的最大生物量;a_{ij} 表示植物 i、植物 j 的相互影响系数。

对于相互影响系数 a_{ij} 的计算,首先要确定植物的影响范围,并采用 FON(field of neighbourhood,影响圈)模型来确定邻体的范围。FON 模型是由 Berger 等[139] 提出的,在考虑环境因素和植物自身条件的基础上对植物间的相互作用进行定量分析。该模型通过计算目标植物影响圈与其他植物影响圈的交互区域来确定植物间相互影响的强弱。a_{ij} 的计算公式如下:

$$a_{ij} = \frac{\sum_{j=1}^{m} S_{\text{share}_{ij}} \times \frac{D_i}{D_j}}{S_{\text{Fon}_i}} \tag{3.9}$$

式中,$S_{\text{share}_{ij}}$ 表示植物 i、植物 j 影响圈的交互面积;S_{Fon_i} 表示植物 i 的影响圈面积(影响圈半径由 FON 模型确定)。

最后得到林分场景植物生长的最终模型,根据模型循环地对每一棵植物进行相互作用,计算得到整个场景每棵植物最终的生长量:

$$\frac{\mathrm{d}N_i}{\mathrm{d}t} = r_i N_i \left[1 - \frac{N_i}{K_i} + \frac{\sum_{j=1}^{m} \left(\frac{S_{\text{share}_{ij}}}{S_{\text{Fon}_i}} \times \frac{D_i}{D_j} \right) \times N_j}{K_i} \right] \tag{3.10}$$

通过式(3.10)可以得到林分场景树木信息数据，如图 3.4 所示。

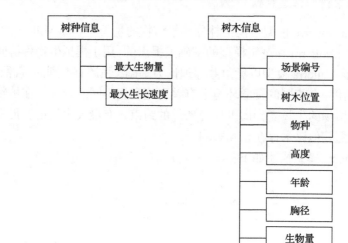

(a) 树种信息　　　　　　　　(b) 树木信息

图 3.4　林分场景树木信息数据

3. 单木场景树木信息数据

单木生长的计算需要对植物生长过程中受到的影响进行更加精确的分析。首先考虑周围植物对目标成年树生长的影响，其次考虑目标成年树所在场景精确环境因素的影响。因此，植物间相互作用模型与环境模型相结合的方法可以用于单木生长模拟。

对于相互作用模型，首先采用与林分场景相同的生长模型，即 Lotka-Volterra 模型，考虑目标成年树周围其他树木对其的影响。然后考虑目标成年树特定位置的环境因素对其生长和形态的影响。单木信息数据如图 3.5 所示。

根据上述三种不同规模的场景仿真需要的树种信息，得到外存中可以支持不同仿真场景的树种综合信息，如图 3.6 所示。

3.2.2　场景信息数据

场景经过分割之后，通过编号来标明子场景之间的层次结构。场景信息数据主要包含场景的环境信息以及场景中树木的内存信息等，如图 3.7 所示。

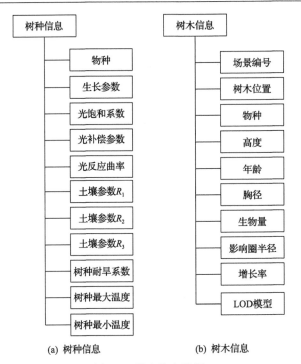

(a) 树种信息　　　　(b) 树木信息

图 3.5　单木信息数据

图 3.6　树种综合信息数据

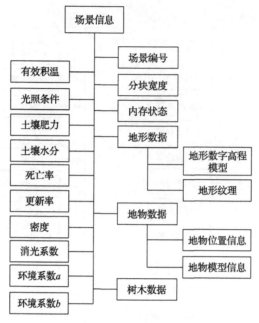

图 3.7　场景信息数据

3.2.3　外存数据关联

综上所述，在外存系统存储的信息主要可以分为三类：树木信息、场景信息和场景转换信息。树木信息包括树木全林分、林分、单木三类场景所有树木的信息；场景信息包含当前场景的环境信息(如土壤条件、水分条件、温度条件等)、一般地物信息(非树木地物信息)和地形数据等；场景转换信息主要包含在不同规模的场景转换时需要的信息(如树木初始信息、树木分布信息等)。

对于外存中的三类信息需要进行关联，以满足不同规模场景仿真及不同场景之间相互转换的要求，三类信息的关联关系如图 3.8 所示。

首先对于树木信息，由于在森林场景仿真中，不同场景对应的植物生长模型计算所需信息以及场景所要表达的树木信息有所差别，所以在外存中每一棵树都有对应的全林分、林分、单木三种外存信息(不同规模的场景所使用的生长模型不同，最后同一棵树所对应的三个不同规模场景中的信息会有所差别)。同时，对三个不同规模场景信息中重复的信息进行提取，成为树种信息，以减少数据的重复性。三个不同规模场景的信息通过树木坐标信息进行关联，并通过物种属性与树种信息进行关联，从而形成一棵树木在外存中的完整信息。当用户需要仿真任何一个规模的场景时，可以直接从外存中调入相应的树木信息进行仿真。

场景信息包含场景的环境条件、地形数据等，在进行任何一个规模场景仿真时都需要用到。所以，在外存数据存储中，利用场景编号对场景信息和树木信

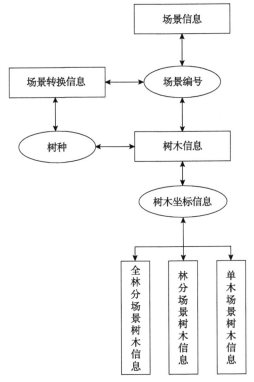

图 3.8　外存数据的关联

息进行关联，使得在场景仿真计算和绘制时可以根据场景索引迅速找到场景所对应的树木信息。

　　当在外存中只保存一种规模场景的树木信息，而用户需要模拟另一种规模的场景时，可以根据用户设定的初始条件，使用该规模场景的生长模型直接进行计算，也可以根据已有规模场景的树木信息推导出该规模场景的信息。由于从头开始进行模型求解来计算其他规模场景的树木信息比较耗时，所以在某些情况下只能使用其他方法，即从现有规模场景信息推导出其他规模场景信息。场景转换信息通过场景编号、物种属性分别与场景信息、树木信息进行关联。

3.3　树木与场景信息数据的内存存储

　　在场景仿真计算时，内存系统需要为树木信息数据和场景信息数据建立与外存数据相对应的数据结构。同时，由于场景树木数量繁多，所以对于计算时调度到内存中的数据需要进行合理的组织并建立索引，以便在计算时能够根据索引快速定位并遍历内存中的数据，找到需要的数据。

3.3.1　树木信息数据

对于树木信息数据内存组织，主要考虑如何加速林分场景的仿真计算。在使用 Lotka-Volterra 模型计算植物间的相互作用时，需要计算树木的影响圈并在场景中搜索与当前计算树木存在相互作用的树木。如图 3.9 所示，假设 A 为当前计算树木(称为基株)，A 的影响圈半径为 R，那么在搜索与 A 存在相互作用的树木时，需要对场景块 K_2、K_3、K_4、K_6、K_7、K_8、K_{10}、K_{11}、K_{12} 这 9 个场景块内的所有树木进行遍历，计算这些场景块内树木与 A 之间的距离是否小于 R。在大规模森林场景中，需要对场景内的每棵树木进行相互作用树木的寻找(寻找过程和树木 A 相同)，那么总的寻找次数为 N，即

$$N = \sum_{i=1}^{n}\sum_{j=1}^{m}N(D_{ij})a_{ij} \tag{3.11}$$

式中，n 表示场景树木的总数量；m 表示场景块的数量；D_{ij} 表示树木 i 与场景块 j 的最近点距离；$N(D_{ij})$ 表示与当前树木距离 D_{ij} 场景中树木的数量；a_{ij} 表示树木 i 与场景块 j 间的影响系数，即

$$a_{ij} = \begin{cases} 0, & D_{ij} > R_i \\ 1, & D_{ij} \leqslant R_i \end{cases} \tag{3.12}$$

所以在场景中树木总数量 n 很大的情况下，整个搜索过程将会非常耗时。

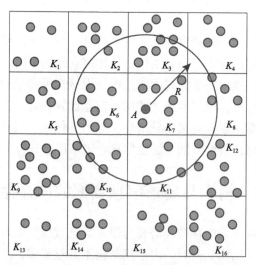

图 3.9　Lotka-Volterra 模型计算时植物影响圈

因此，从上述问题出发，通过使用改进的内存池技术对内存中的数据进行

组织，通过加快相互作用模型的搜索过程来加速整个森林场景植物间相互作用的计算。

　　内存池技术是指系统运行时在内存中开辟出一个大容量的内存块，之后系统数据在内存中的存储和释放均在开辟出来的内存块中进行。内存池技术的优点是可以减少因为频繁开辟内存和释放内存所需耗时。为了解决在大规模森林相互作用模型的计算过程中需要进行频繁的内外存数据交换问题以及模型计算过程中搜索相互作用树木耗时过多的问题，本章采用改进的内存池技术对场景信息进行存储。在保留内存池技术能够有效减少频繁开辟和释放内存所需耗时的同时，对内存中的数据进行有效组织，使得模型计算时能够快速找到需要的数据。

　　图 3.10 为改进的内存池技术的内存结构图。每个 MemoryBlock 分为两部分：内存块的头部信息和多个用来存储树木信息的 MemoryData。图中，灰色部分的 MemoryData 表示存储的内存块，白色部分的 MemoryData 表示空闲的内存块。

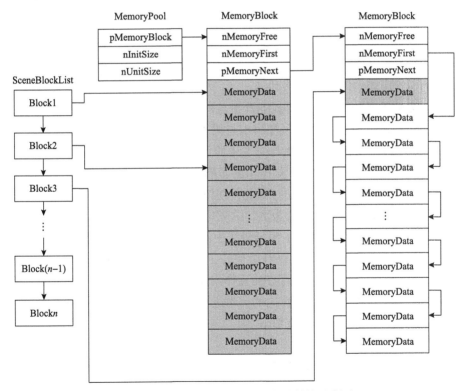

图 3.10　场景数据在内存中的存储结构示意图

　　在图 3.10 中，内存池（MemoryPool）提供整个内存池地址的入口（pMemoryBlock），以及每个内存块初始化时的初始参数（包括内存块大小（nInitSize）和数据块大小（nUnitSize））。内存块（MemoryBlock）分为两个部分，即内存块头部信息（管理整个内存块)和多个数据块(MemoryData)。每个数据块的大小固定(由 MemoryPool 中的 nUnitSize 决定),内存块头部并不管理已经分配数据块的信息;相反,它只负责维护空闲块。其中 nMemoryFree 表示该内存块中空闲块的数量,nMemoryFirst 表示第一个空闲块的位置。每个 MemoryData 中包含 MemoryData 头部信息:nDataFree、nDataFirst、pDataNext 三个属性来维护自身的信息,同时包含用来存储树木信息的 Data 属性。图 3.11 为 MemoryData 结构。

图 3.11　MemoryData 结构

　　本章算法不同于一般内存池技术的地方在于,树木信息在 Data 内存储。图 3.12 为相互作用树木寻找的算法,树木 A 为当前计算树木,以 A 为圆心,以 R 为半径的圆即为 A 的影响圈范围,场景块 K_1、K_2、K_3、K_5、K_6、K_7、K_9、K_{10} 则是与树木 A 存在影响关系的影响块。要找到真正与树 A 存在相互作用的树木还需要对影响块内的树木进行遍历,判断每棵树木与树木 A 的距离是否小于 R。但是,从图 3.12 中可以看到,有些影响块与树木 A 的关系并不是很密切,即树木 A 的影响圈与影响块相交的面积比较小,如图中的影响块 K_3、K_5、K_7、K_{10},所以直接进行上述遍历操作将会做很多无用功。因此,在树木信息数据中添加了树木与场景块中心距离变量 dis,以场景块 K_3 为例,由三角形定理可以知道,树木 A 与树木 B 的距离 $L>|a-dis|$(a 表示树木 A 到场景块中心的距离),也就是说通过这个算法可以快速判断出图 3.12 中圆 O(以 O 为圆心、b 为半径的圆,此时,dis $= b$ 且 $L=|a-b|$)内的树木都是与树木 A 不存在相互作用关系的,在排除这些不存在相互作用关系的树木之后,再对场景块 K_3 内的树木进行遍历,确定真正存在影响的树木。使用上述思想后整个场景搜索次数 N 为

$$N = \sum_{i=0}^{n} \sum_{j=0}^{m} \left[N(D_{ij}) - M(\text{dis}_{ij}) \right] a_{ij} \tag{3.13}$$

式中,D_{ij} 表示树木 i 与场景块 j 中心位置的距离;$M(\text{dis}_{ij})$ 表示场景块 j 中与场景中心位置距离小于 dis_{ij} 的树木数量。

$$\text{dis}_{ij} = L_{ij} - R_i \tag{3.14}$$

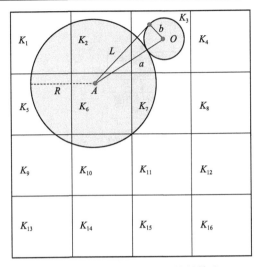

图 3.12　相互作用树木寻找的算法

　　因此，对 MemoryData 内的树木信息按照 dis 进行排序存储。首先，使用链表结构对每个读入内存中场景块内的树木进行临时存储；其次，使用快速排序算法对场景块内的树木进行排序；最后，将排序好的树木按照场景块所提供的索引存储到场景块所对应的 MemoryData 中，具体的存储流程如图 3.13 所示。

　　首先，判断该树木是否为某一场景的第一棵树木。如果是，则遍历内存块链表 pBlock，找到有空闲块的内存块（内存块头部信息中的 nMemoryFree>0），根据该块内的 nMemoryFirst 属性定位到第一个空闲块的内存地址，该内存地址就是用来存储这次请求的数据块起始地址。在返回该内存地址之前需要对该内存块的头部信息进行修改（首先将数据块中表示下一个空闲块地址的指针 pDataNext 的值赋给本内存块的 pMemoryFirst，以确保在下次需要寻找空闲块时能够得到正确的地址，之后将该内存块的 nMemoryFree 递减 1，表示该内存块的空闲块数量减少了1。完成头部信息修改之后，将刚才定位的内存地址赋值给树木所在场景块的 pTreeData。

　　如果遍历完 pBlock 内存块链表之后没有发现可以使用的内存块，则要根据当前内存情况决定开辟新的内存块或是从原来的内存块中删除部分数据。对于开辟新的内存块，MemoryPool 会从进程堆中申请一个内存块（包括内存块头部信息，nInitSize 个大小为 nUnitSize 的内存块），申请成功之后需要对申请到的内存块进行初始化。初始化包括设置内存块头部信息中 nMemoryFree 的值为 nInitSize–1，nMemoryFirst 指向第二个内存块（第一个空闲块将马上被分配出去，作为刚刚申请内存请求的存储地址）。对于剩余空闲块的处理，需要将所有的空闲块通过链表连接起来，每个空闲块中的 pDataNext 指向下一个空闲块。

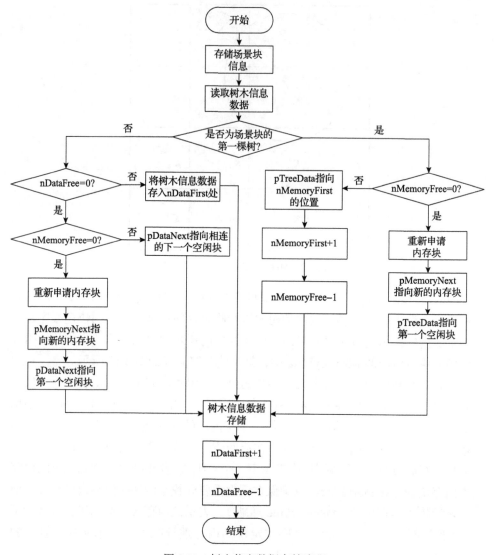

图 3.13 树木信息数据存储流程

当某个数据块需要删除回收时，该内存不会返回给堆进程，而是直接返回给
MemoryPool，然后由 MemoryPool 通过遍历内存块链表判断出删除的该数据块所
属的内存块，再通过修改内存块头部信息将该空闲块添加进去。内存块头部信息
中的 nMemoryFree 加 1，pMemoryFirst 的值赋值给该空闲块的 pDataNext，同时
pMemoryFirst 指向该空闲块。

如果判断出该树木不是某一场景的第一棵树木，那么表示该场景在 MemoryPool
已经分配过内存，需要通过场景索引表找到该场景块所对应的 MemoryData 的内存地址。判断该场景块所对应的数据块是否还有空闲位置（MemoryData 中的 nDataFree 是否大于 0），如果 nDataFree>0，那么将树木信息数据直接存储到 nDataFirst 指向的内存地址，同时对 MemoryData 头部信息进行更新：nDataFree 递减 1，nDataFirst 递加一个单位（为一棵树的信息内存大小）；如果 nDataFree = 0，则表示该数据块已经没有多余的空闲位置，所以需要重新寻找一个空闲块。该寻找过程和第一种情况（存储树木为第一棵树木的情况）一样，在找到可以使用的内存地址进行信息更新后，除了需要将这个内存地址赋值给 MemoryData 中的 pDataNext，而不是场景块的 pTreeData，其余操作均相同。某个时刻内存中的存储状态如图 3.14 所示。

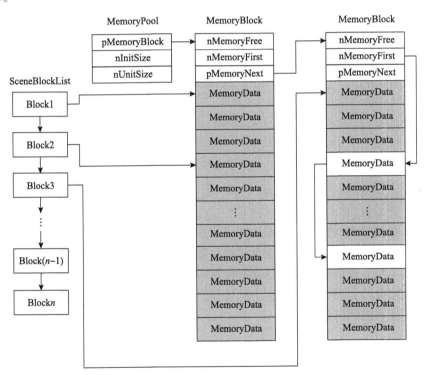

图 3.14　某个时刻内存中的存储状态

当存储的树木不是第一棵树木时，根据场景索引表中的指针在内存块中找到对应的块。判断 MemoryData 是否还有空闲。如果还有空闲，则直接将树木信息数据存入其中。如果没有空闲，则判断内存块的 nMemoryFree 是否为 0：如果不为 0，则 MemoryData 结构中的 pDataNext 指向向下最近的块，并在下一块中存储树木信息；如果为 0，则需要重新申请一个内存块，并将内存块的 pMemoryNext 指向新申请的内存块，同时 MemoryData 的 pDataNext 指向第一个空闲块，最后存储树木信息数据。

3.3.2　场景信息数据

对于场景信息数据，主要按照对场景进行分割时所生成的四叉树结构进行存储。在计算或场景绘制时，采用四叉树结构进行存储，可以根据需要选择不同层次的场景块作为基本块，在内外存调度时，也可以以四叉树为基础选择需要删除的数据和需要调度到内存中的数据。

场景信息数据在内存中的存储结构主要包含场景块索引号（Index）、场景块本身的信息（地形数据、场景环境信息等）、树木信息的指针以及四叉树的前后节点，如图 3.15 所示。

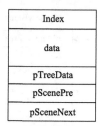

图 3.15　场景信息数据存储结构

3.4　本 章 小 结

本章在植物生长模型知识表达算法的基础上，分析了不同规模场景植物生长模型的特点，提出了大规模虚拟森林场景数据组织算法。本章通过对森林仿真生长模型的分析，提取出植物生长模型计算需要的数据信息并在外存建立了相应的外存结构。此外，对存放在内存中的场景信息组织方式进行了研究，以支持植物生长模型计算的调度优化。

第4章 大规模虚拟森林生长模型的加速计算

在上述森林场景数据组织算法研究的基础上，本章针对虚拟森林仿真过程中的生长计算问题，重点研究适用于大规模虚拟森林仿真的生长模型计算的加速算法，从以下几个方面开展研究：对场景数据在内存中的组织以及数据内外存调度进行优化，使得整个场景的生长计算速度得到提高；利用森林场景的时空特征实现多级联动算法和相似计算的加速算法；利用硬件设备 GPU 的并行计算能力加速生长模型的计算过程。

4.1　虚拟森林生长计算框架

大规模森林场景加速计算框架包含 3 个层次，即核心层、数据处理层和数据层，如图 4.1 所示。

首先通过数据层建立支持多级联动的场景数据外存存储结构，并在数据处理层对内存中的场景数据采用基于改进的内存池技术进行组织，然后在核心层采用四叉树的调度算法对不同规模场景的仿真及转化进行数据调度，最后在核心层完成虚拟森林仿真的生长计算。

1) 核心层

在森林生态系统中，不管是同种的还是异种的两个或多个个体之间，当对空间或共享资源的需求超出环境所能供应的量时，会产生对空间或共享资源的一种竞争生存关系。同时，异种物种之间有可能存在互补关系，也会产生异种物种之间互利的生存关系。核心层通过对大规模森林场景中植物之间相互关系的分析，结合数据处理层场景数据的组成，采用合理的数据调度策略，实现不同规模场景下(全林分、林分、单木)植物生长模型的快速求解。为了实现大规模虚拟森林生长模型的加速计算，需要根据虚拟森林场景范围和时空特征选择不同生长模型的计算加速算法。对于不具备时空关联特征或相似性的森林场景，对场景数据在内存中的组织以及数据内外存调度进行优化，从而提高森林场景的生长计算速度；如果森林具有时空关联特征或相似性，则可以利用时空相似性的森林生长计算的加速算法进行快速计算。为了进一步提高仿真计算效率，仿真时还可以利用 GPU 的并行计算能力加速生长模型的计算过程。

2) 数据处理层

在大规模森林场景模拟计算中，由于植物生长模型计算复杂以及树木的数量

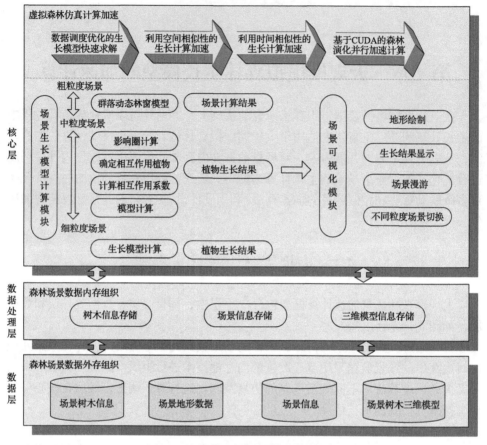

图 4.1　大规模森林场景加速计算框架

非常庞大，如果对外存中调入的数据直接调用进行植物生长的计算，那么整个场景的计算时间将会很长，所以对由外存调度到内存中的数据进行组织显得非常重要。该层主要负责对从外存中调度到内存中的原始数据进行处理，在内存中建立合理的索引与数据结构，使得场景生长计算速度得到优化。

3) 数据层

数据层主要根据不同规模场景之间相互变换时对场景数据的需求，在外存中建立相应的场景数据外存存储结构，主要包括场景信息、场景树木信息、场景地形数据以及场景树木三维模型等。

4.2　数据调度优化的虚拟森林场景生长模型快速求解

虚拟森林场景生长模型的计算流程主要包括相关数据搜索、数据内外存的调度、模型求解以及生长结果的保存，如图 4.2 所示。

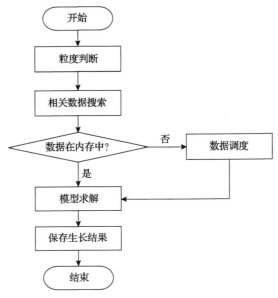

图 4.2　虚拟森林场景生长模型的计算流程

(1) 根据用户输入参数判断需要仿真场景的规模信息。

(2) 相关数据搜索。根据不同场景规模在内存中寻找模型求解需要的数据。对于单木场景和林分场景，生长计算时需要考虑目标成年树与周围其他树木之间的相互作用，所以在确定目标成年树的影响范围之后需要对整个场景进行搜索，找到与目标成年树存在相互作用的树木。而对于全林分场景，需要考虑场景的环境因子对树木生长的影响。

(3) 数据调度。在步骤 (2) 中搜索到模型计算需要的数据之后，需要判断这些数据是否已经在内存中可以直接使用，如果不在内存中，则需要通过索引将其从外存中调入。

(4) 模型求解。在将所有需要的数据都调入内存之后，对生长模型进行求解，计算出最后的结果。

(5) 保存生长结果。在求解完生长模型之后需要将最后的结果写回数据库中保存。

在对全林分场景进行计算时，由于场景的森林生长模型求解所需使用到的总数据量比较少，所以在步骤 (2) 中确定了模型计算所需数据后，可以将所有的数据一次性全部调度到内存中，整个过程比较简单。在计算林分场景生长模型时，因为需要计算每棵树木与周围树木之间的相互作用，当整个场景有成千上万棵树木时，整个场景树木相互作用的计算将会非常耗时。所以，对于林分场景计算，需要考虑如何减少搜索所花费的时间以及如何尽可能地减少内外存数据替换的次数，以加快整个模型计算的速度。

　　本章主要采用 Lotka-Volterra 模型和 FON 模型相结合的算法来对森林场景进行生长模拟。其中，Lotka-Volterra 模型主要用于全林分场景的模拟，可以模拟植物群落不同物种间为了争夺空间和资源而产生的一种直接或间接抑制对方生长的情况；FON 模型用于林分场景的模拟，可以确定植物在生长过程中与周围哪些树木存在相互作用。林分场景模型计算流程如图 4.3 所示。图中虚线框内为数据调度部分，表示当前计算需要的数据不在内存中，需要进行内存数据调度的流程。

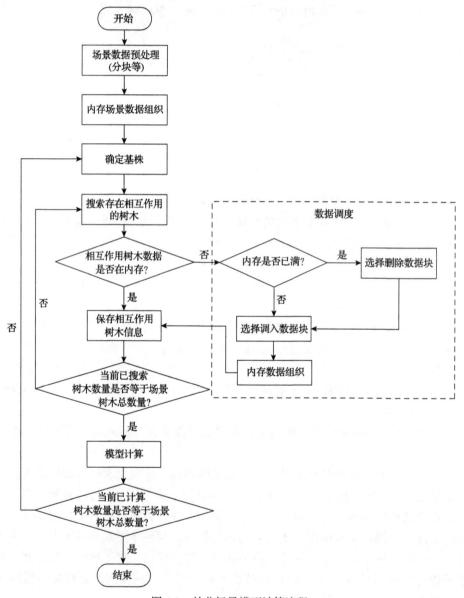

图 4.3　林分场景模型计算流程

在进行林分场景生长模型计算时，首先需要确定所要计算的树木，即基株，根据基株的初始情况利用 FON 模型计算影响圈半径。在确定了基株的影响圈之后，根据前面场景分块的结果，以块为单位在场景四叉树索引中寻找与基株影响圈相交的场景块。在确定了所有与基株存在相互作用的场景块之后，根据内存中的场景索引树找到这些场景块并判断这些场景块的内容（树木信息）是否已在内存中，如果不在内存中，则需要从外存中调入。

在数据调入内存时，有可能会出现内存不足的情况，需要对内存中的部分数据进行释放，以便空出内存来调度当前计算需要的数据。对场景中的每棵树都要进行模拟生长计算，内存中的所有数据都有可能在不久的将来再次用到，因此需要选择一个合理的删除策略来保证删除的数据尽可能不会再被用到，而有可能使用的数据则继续保留在内存中。这样可以有效地减少整个场景计算过程中数据内外存调度的次数，也可以减少相同数据在短时间内重复进行内外存调度，加快整个计算过程。

当前很多大规模场景计算绘制时采用的调度算法是根据内存中的场景块与视点的位置关系进行内存释放或从外存中调入后面可能需要的场景块[140,141]，但是在对不同场景块内的树木进行相互作用计算时，可能会用到同一个场景块的数据，所以如果直接使用根据分块位置的调度算法对相互作用模型计算进行调度，将会出现数据块重复调度的问题。如图 4.4 所示，当前计算树木所在场景块为 C，如果将与场景块 C 的距离大小作为标准来选择释放的场景块，图中场景块 A 与场景块 C 的距离 L_1 小于场景块 A' 与场景块 C 的距离 l_1，如果删除场景块 A'，场景

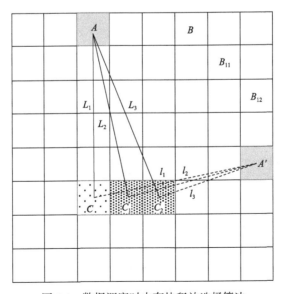

图 4.4　数据调度时内存块释放选择算法

块 A' 在后续场景块 C_1、C_2 的计算过程中将再次被调入内存中,而删除场景块 A 则不会出现这样的问题。

为了优化数据调度时内存块的释放和选择策略,在选择删除的数据时要考虑两个方面的因素:与当前计算块在地理位置上的距离;与后续计算块在地理位置上的距离。综合考虑这两个方面的因素选择,使得删除数据块在不干扰当前计算块的同时能尽可能在地理位置上远离后续计算块。

因此,在进行数据调度时,除了考虑与当前计算块的地理距离之外,本章还添加了两个后续计算块作为辅助块进行判断(如图 4.4 中的 C_1、C_2)。首先通过场景块 C 来找到与其距离相似的多个场景块,然后利用场景块 C_1、C_2 来确定需要释放的场景块。当计算块为 C 时,满足条件的场景块集合可以表示为

$$K_c = \left\{ j \middle| L_{cj} > L_{\max} - \text{width}, L_{1cj} > L_{1\max} - \text{width}, L_{2cj} > L_{2\max} - \text{width} \right\} \quad (4.1)$$

式中,L_{cj}、L_{1cj}、L_{2cj} 分别表示场景块 j 与当前计算块、场景块 C_1、场景块 C_2 的距离;$L_{\max}$、$L_{1\max}$、$L_{2\max}$ 分别表示当前场景块与当前计算块、场景块 C_1、场景块 C_2 的最大距离;witdh 表示场景块的边长。

在选择释放的内存块过程中,并不是直接对内存中的场景块逐一进行遍历,求出与当前场景块的距离,而是利用场景分割生成的四叉树来选择释放的内存块。

首先判断基株所在块位于场景树第二层子树的位置,分为三种情况,即图 4.5 中的子树 A、子树 B 以及子树 B' 和 A' 三种情况。

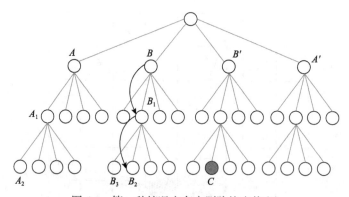

图 4.5　第一种情况内存中删除块查找(1)

第一种情况:当基株所在块位于子树 B' 或 A' 时,假设基株所在场景块 C 位于子树 B',则算法从子树 B' 的对称子树 B 开始搜索(如果 C 位于子树 A,则从子树 A 开始搜索)。从子树 B 中找到与节点 B 在场景树中位置相对应的节点 B_1,采用同样的算法找到节点 B_2,重复上述过程直到找到相对应的叶子节点为止(图 4.5 中 B_2),

假设找到的场景块 B_n 的编号为 $i_n, i_{n-1}, i_{n-2}, \cdots, i_2, i_1, i_0$。然后判断场景块 B_n 是否在内存中，如果在内存中，则直接删除其中的数据，并从外存中调入当前计算需要的数据。如果 B_n 已经被调出内存，则需要对 B_n 后面的场景块进行判断。在 B_n 之后有 2^k 个可供删除场景块的编号（k 为场景树的层次，根节点为 0 层），其编号可根据 B_n 直接得到，分别为 $i_n, i_{n-1}, i_{n-2}, \cdots, i_2, i_1, i_0-1$、$i_n, i_{n-1}, i_{n-2}, \cdots, i_2, i_1-1, i_0$、$i_n, i_{n-1}, i_{n-2}, \cdots, i_2, i_1-1, i_0-1$、$\cdots$、$i_n, i_{n-1}, i_{n-2}-1, \cdots, i_2, i_1, i_0$、$i_n, i_{n-1}, i_{n-2}-1, \cdots, i_2, i_1, i_0-1$、$i_n, i_{n-1}, i_{n-2}-1, \cdots, i_2, i_1-1, i_0-1$、$\cdots$。

当判断完所有 2^k 个场景块依然没有找到满足的场景块时，需要重新寻找新的场景块 B_n。如图 4.6 所示，最终找到的新的场景块 B_n 将是 B_3，其后依然会有 2^k 个场景块可供选择进行删除。如果新找到的 B_3 依旧无法满足删除条件，那么继续依次搜索 B_4、B_5 所对应的子树，然后是 B_6、B_7、B_8 所对应的子树，直到整棵子树 B 全部搜索完成。若还是不能满足，则需要继续寻找，对 B' 进行搜索，这种情况下的搜索将在下面第二种情况中介绍。

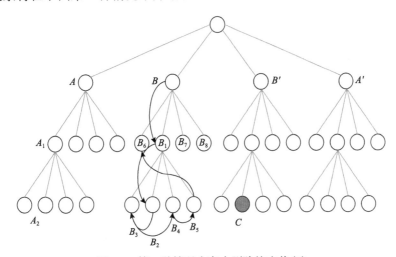

图 4.6　第一种情况内存中删除块查找（2）

第二种情况：如图 4.7 所示，当基株所在场景块位于子树 B 时，算法将从子树 A 开始对场景进行搜索。首先从子树 A 中寻找到与节点 A 在场景树中位置相对应的节点 A_1，采用同样的算法找到节点 A_2，重复上述算法直到找到相对应的叶子节点为止（图 4.5 中 B_2），假设找到的场景块 A_n 的编号为 $i_n, i_{n-1}, i_{n-2}, \cdots, i_2, i_1, i_0$。然后判断场景块 A_n 是否在内存中，如果在内存中，则直接删除其中的数据，并从外存中调入当前计算需要的数据。如果 A_n 已经被调出内存，则需要对 A_n 后面的场景进行判断。在 A_n 之后有 $2k-1$ 个可供删除场景块的编号（k 为场景树的层次，根节点为 0 层），其编号可根据 A_n 直接得到，分别为 $i_n, i_{n-1}, i_{n-2}, \cdots, i_2, i_1, i_{0+2}$、$i_n, i_{n-1}, i_{n-2}, \cdots, i_2, i_{1+2}, i_0$、$i_n, i_{n-1}, i_{n-2}, \cdots, i_2, i_{1+2}, i_{0+2}$、$\cdots$、$i_n, i_{n-1}, i_{n-2+2}, \cdots, i_2, i_1, i_0$、$i_n, i_{n-1}, i_{n-2+2}, \cdots, i_2, i_1, i_{0+2}$、

$i_n, i_{n-1}, i_{n-2+2}, \cdots, i_2, i_{1+2}, i_0 、 i_n, i_{n-1}, i_{n-2+2}, \cdots, i_2, i_{1+2}, i_{0+2} 、 \cdots。$

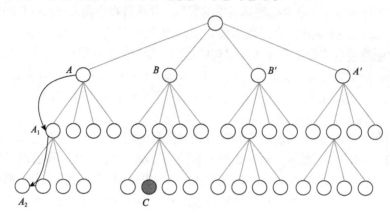

图 4.7　第二种情况内存中删除块查找(1)

当判断完所有的 $2k-1$ 个场景块依然没有找到满足的场景块时,需要重新寻找 A_n。如图 4.8 所示,最终找到的新的 A_n 将是 A_3,其后依然会有 $2k-1$ 个场景块可供选择进行删除。如果新找到的 A_3 依旧无法满足删除条件,那么继续搜索 A_4 所对应的子树,直到整棵子树 A 全部搜索完成。若还是不能满足,则需要继续寻找,对 B 进行搜索。

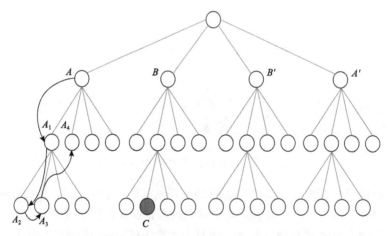

图 4.8　第二种情况内存中删除块查找(2)

第三种情况:如图 4.9 所示,当基株所在场景块位于子树 A 时,子树 B、B'、A'的内容均未读入内存中,所以只有对子树 A 本身进行删除块的搜索。这时,算法可以将子树 A 作为一棵完整的树,将第三种情况演变成第二种情况进行寻找操作。

为了分析数据组织与数据调度算法在实际计算加速上的有效性,选择 5km×5km

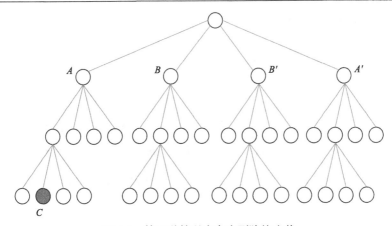

图 4.9　第三种情况内存中删除块查找

区域森林场景进行生长模拟计算。区域内种植有落叶松和水曲柳两个树种，树木初始高度设为 0.5~1m 的随机值，树木之间的间距为 2m，进行实验模拟。当树木之间的间距为 2m 时，整个区域树木的数量为 650 万棵。

图 4.10 是使用选择释放内存块 (四叉树调度算法) 和直接根据与当前计算块的距离来选择释放场景块 (当前块距离算法) 在时间上的比较。因为在场景树木数量较少时，完全可以将其全部调度到内存中存放，不需要进行内外存调度，所以时间比较从场景树木数量为 250 万棵时开始。

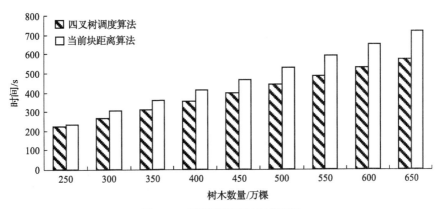

图 4.10　不同调度算法时间对比

图 4.11 显示了大规模森林场景下考虑数据组织与调度算法、只考虑数据组织、只考虑调度算法以及不考虑数据组织与调度算法四种情况的时间对比。从实验结果可以看出，使用了考虑数据组织与调度算法以后，森林场景模型的计算时间要少很多，而且随着树木数量的增加，两者时间上的差距越来越明显。

在森林场景模型的计算过程中，场景数据的分块不仅为计算时相关树木的寻

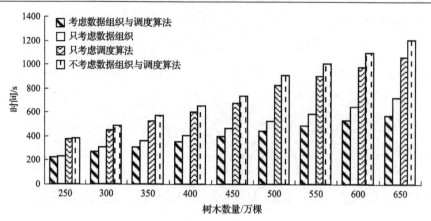

图 4.11　不同算法计算时间对比

找提供索引,同时分块的大小对模型的计算效率也有巨大的影响。如果分块太大,那么进行块内检索计算的计算量就会大大增加;如果分块太小,那么需要进行块内检索计算的分块数量将会增加,这样同样会使总的计算时间变长。图 4.12 显示了不同分块时整个场景计算所花费时间的对比。从实验结果来看,20m×20m 场景分块最佳,更小的 15m×15m 场景分块、更大的 30m×30m 场景分块和 50m×50m 场景分块完成整个场景的生长计算所花费的时间更长。

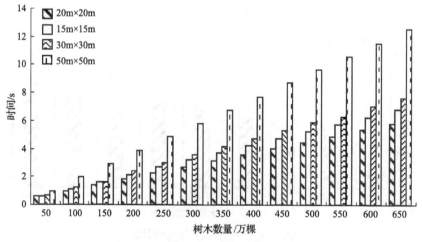

图 4.12　不同分块情况下计算时间对比

4.3　利用空间相似性的森林生长加速计算

在大规模森林生长仿真中,当可视化的仿真场景较大,对仿真生长模型的精度要求不高时,可以利用大规模森林群体中的树木个体和空间上相邻的个体具有的生长环境相似性,从生长仿真数据角度出发提供生长计算数据的较粗细节的层次细节 (level of detail, LOD) 模型,从而简化大规模森林动态生长模型的计算过程。

如果大规模森林场景具有相同或相近的生长时间状态,则可以考虑森林场景的空间相似性来进行生长模型的计算和可视化绘制的加速。如图 4.13 所示,森林场景中有两个场景块 P_1 和 P_2,在仿真生长模型的精度要求不高时,如果 P_1 和 P_2 的空间相似,且其中一个场景块的生长模型已完成计算,则可以用已计算场景块的数据代替未计算场景块,而不需要重新进行计算,从而达到生长模型计算加速的目的。

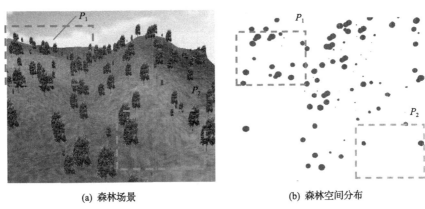

(a) 森林场景　　　　　　　　　　　　(b) 森林空间分布

图 4.13　森林场景空间相似示意图

4.3.1　森林场景空间尺度上的相似性计算

在森林群落中,植物之间的相互作用复杂,而且植物与自然环境因素的关联密切,所以在对森林动态生长的研究中,需要将植物自身特征和自然环境因素综合考虑。相关研究表明,与森林生长状况相关的自然环境因素包括阳光、水分、土壤、温度和气候条件等,而这些因素取决于森林树木所在的地理位置、海拔、坡向、平均土层厚度等。为了提高大规模森林动态生长模型的计算速度,首先从树木密度和地形特征的角度出发,考虑场景块在空间上的地形相似性,然后进一步对具有地形相似性的场景块进行生长环境相似性的判断。

1. 树木密度的相似性分析

树木密度是指单位区域内树木的数量,反之也可以定义为一定数量的树木所占用的分布空间。如果树木过于密集,则会导致树木阻挡对方的阳光并影响树木的光合作用,进而导致树木生长不良。合适的树木密度有助于确保每棵树木都有足够的生长空间,为树木的生长提供充足的阳光,增加植物光合作用物质的积累。在大规模森林仿真中,不同空间区域的树木密度是不同的,树木的数量必然发生变化,但不同区域的树木密度具有一定的相似性。因此,本节将分布空间的面积与树木数量之比看作树木密度，利用不同分布空间的树木密度来判断其相似性。

在不同分布空间的相似性匹配中，将树木分布空间的地表看作场景块的集合，其面积可以由组成该分布空间的场景块的面积求和得到。由于树木分布空间的大小不尽相同，场景块所构成的分布区域的凸多边形的轮廓所占面积大小会有差别，其树木数量也可能不同。

图 4.14 是虚拟森林分布模型中树木的分布情况，为水曲柳和落叶松两种树木的混交林，圆圈代表水曲柳，三角形代表落叶松。

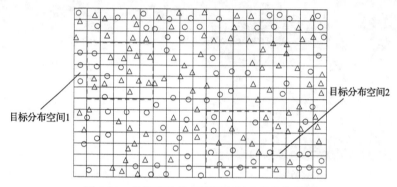

图 4.14　虚拟森林分布模型中树木的分布情况

在纯林种植情况下，将目标分布空间 1 的树木数量记为 N_1，分布区域所占面积记为 S_1，目标分布空间 2 的树木数量记为 N_2，分布区域所占面积记为 S_2，则密度相似度可以定义为

$$\text{Sim(den)} = \min\left\{\frac{S_1/N_1}{S_2/N_2}, \frac{S_2/N_2}{S_1/N_1}\right\} \tag{4.2}$$

在混交种植情况下，将目标分布空间 1 中树种 1 的树木数量记为 N_{11}，树种 2 的树木数量记为 N_{12}，分布区域所占面积记为 S_1，目标分布空间 2 中树种 1 的树木数量记为 N_{21}，树种 2 的树木数量记为 N_{22}，分布区域所占面积记为 S_2，则密度相似度可以定义为

$$\text{Sim(den)} = \max\{\text{Sim(den}_1), \text{Sim(den}_2), \text{Sim(den}_{12})\} \tag{4.3}$$

式中，

$$\text{Sim(den}_{12}) = \min\left\{\frac{S_1/(N_{11}+N_{12})}{S_2/(N_{21}+N_{22})}, \frac{S_2/(N_{21}+N_{22})}{S_1/(N_{11}+N_{12})}\right\}$$

$$\text{Sim(den}_1) = \min\left\{\frac{S_1/N_{11}}{S_2/N_{21}}, \frac{S_2/N_{21}}{S_1/N_{11}}\right\}$$

$$\mathrm{Sim}(\mathrm{den}_2) = \min\left\{\frac{S_1/N_{12}}{S_2/N_{22}}, \frac{S_2/N_{22}}{S_1/N_{12}}\right\}$$

2. 地形特征的相似性分析

不同的地形决定了水的分布状况和日照时间长短，这些对植物的生长起决定性作用。例如，一般情况下东西走向的山体，靠南一边的植被会比靠北一边的茂盛。为了提高大规模森林动态生长模型的计算速度，从地形坡向和地面高低起伏两个特征出发分析场景块在空间上的地形相似性。

1)基于方向的相似性

坡是地形组成的基本单位，坡向是坡的一个基本特征。坡向是指地形坡面的朝向，森林中的植物生长与空间场景的坡向有关。光照、温度、降水量、风速和土壤质地等因子的综合作用，使得坡向能够对植物产生影响，引起植物和环境的生态关系发生变化，不同的坡向意味着森林生长能吸收到的光照有较大的差别，从而对树木的生长产生较大的影响。

用地形的方向来表达坡的特征，对于两个目标分布空间的相似性比较，其地形表面的方向性也要尽量相似，只有这样才能保证地形结构具有一定的相似性。地形方向是否保持一致，是研究森林生长空间相似性的一个方面。对于地形的方向相似，根据构成场景块地形的三角形的法向量来确定其方向，具体算法是求出构成场景块的所有法向量，并对其求平均，因为分块大小控制在一定的合理范围内，所以这种算法能在一定程度上体现场景块的大致方向。设目标分布空间 1 的地形方向角为 angle_1，目标分布空间 2 的地形方向角为 angle_2，则方向相似度可以表示为

$$\mathrm{Sim}(\mathrm{dir}) = \min\left\{\frac{\mathrm{angle}_1}{\mathrm{angle}_2}, \frac{\mathrm{angle}_2}{\mathrm{angle}_1}\right\} \tag{4.4}$$

2)基于面积的相似性

场景分块是将地理实体利用网格单元进行细分，没有考虑具体地形的高低起伏情况。对于具有空间相似性的两个目标分布空间，其面状要素的面积要尽量保持一致。因此，需要将面积作为衡量不同场景块地形相似性的因子来讨论。森林场景的地形一般通过三角形网格来表示，因此可通过建立地形的三角网实现对空间点群目标图形的表达。图 4.15 表示的是目标分布空间中场景块对应的地形网格。

根据三角形面积的计算公式，可计算场景块的地形网格形成的地表面积。设由三角形网格构成的地表面积为 S，则两个目标分布空间的面积相似度为

$$\mathrm{Sim}(\mathrm{area}) = \min\left\{\frac{S_1}{S_2}, \frac{S_2}{S_1}\right\} \tag{4.5}$$

式中，S_1 为目标分布空间 1 的地表面积；S_2 为目标分布空间 2 的地表面积。

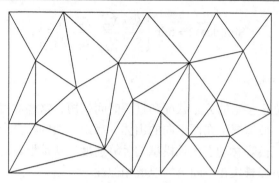

图 4.15　目标分布空间中场景块对应的地形网格

3. 环境因子的相似性分析

在大规模森林群落中，影响森林生长环境的因素主要有平均海拔、坡向、坡度、平均土层厚度等。坡向、坡度的相似性已经在地形相似性中得到体现，在此选择场景块的平均海拔、平均土层厚度两个环境因子进行环境相似性的比较。设两个场景块 P_1 和 P_2 的平均海拔分别为 H_1 和 H_2，平均土层厚度分别为 T_1 和 T_2，则环境相似度可以表示为

$$\mathrm{Sim(env)} = \begin{cases} 0, & |H_1 - H_2| > \mathrm{Max}_H \text{ 或 } |T_1 - T_2| > \mathrm{Max}_T \\ 1, & \text{其他} \end{cases} \tag{4.6}$$

式中，Max_H 为比较环境相似性的场景块之间允许的海拔差，表示在该海拔差范围内，两个场景块的生长情况比较相似；Max_T 为比较环境相似性的场景块之间允许的平均土层厚度差，表示在该平均土层厚度差范围内，平均土层厚度对两个场景块生长情况的影响比较小。当 $\mathrm{Sim(env)}$ 值为 0 时，表示场景块 P_1 和 P_2 的环境不相似；当 $\mathrm{Sim(env)}$ 值为 1 时，表示两个场景块 P_1 和 P_2 的环境相似。

4. 空间相似性的综合评价

从树木密度、地形特征、环境因子三个方面考虑不同目标分布空间的相似度。森林群落的生长空间目标作为一个整体，单从某个因素考虑其相似度都不合适，所以需要综合以上三个方面来考虑。空间相似度的计算公式定义为

$$\mathrm{Sim(space)} = k_1 \times \mathrm{Sim(den)} + k_2 \times \mathrm{Sim(area)} + k_3 \times \mathrm{Sim(dir)} + k_4 \times \mathrm{Sim(env)} \tag{4.7}$$

式中，$\mathrm{Sim(den)}$ 为密度相似度，由两个目标分布空间的密度与地形面积比的倒数得到；$\mathrm{Sim(area)}$ 为面积相似度，由两个目标分布空间的地形面积比的大小确定；$\mathrm{Sim(dir)}$ 为方向相似度，由两个目标分布空间的地形方向角确定；$\mathrm{Sim(env)}$ 为环境相似度；k_1、k_2、k_3、k_4 分别为密度、面积、方向、环境的权重系数，可以根据

实际的仿真场景设定权重系数的值，且 $k_1+k_2+k_3+k_4=1$。

4.3.2　利用空间相似性的大规模森林场景快速生成

大规模森林群体中每个树木个体和空间上相邻的个体具有一定的生长环境相似性，因此从生长仿真数据计算和处理优化的角度来看，空间相似性有助于简化大规模森林动态生长模型的计算过程。

1. 基于空间相似性的森林场景快速生成过程

基于空间相似性的森林场景快速生成算法对森林群落区域的场景块和大量植物数据进行存储，分析植物间的相互作用关系，利用场景的空间相似性进行仿真计算加速，并根据植物生物量选择合适的 LOD 模型进行可视化。基于空间相似性的森林场景仿真过程如图 4.16 所示。

用户根据实际需要对整个森林场景进行初始化设置，如森林场景的各个环境因子、树种、树木的初始密度以及生长年份等。系统会根据用户设定的各个参数从外存数据库中获得整个场景的初始数据，对其进行场景分布，并判断不同场景块在空间上的相似性，若两个场景块之间的相似度达到一定的比例，则可用已经载入内存且计算好的场景块直接代替需要计算的场景块；若两个场景块之间的相似度没有达到一定的比例，则采用 FON 模型对每棵树木进行单独的生长计算，计算基株（当前计算树木）的影响圈范围并找到所有与其存在相互作用的树木，对植物的生长进行计算，得到植物的生物量。

2. 支持森林场景快速生成的数据组织算法

森林群落中的树木数量繁多，需要对每棵树的生长状况进行存储，数据量远远超过内存容量，所以需要先对场景进行分割和分块调度，以降低仿真过程中常驻内存的数据量。目前，对于大规模场景，主要采用规则分割法，按照空间范围将场景分成若干场景块[142]。

对大规模森林场景进行自顶向下的四叉树分割，将地形场景划分成大小相等的块，块是数据请求调度的基本单位。基于四叉树的分割过程如图 4.17 所示。首先，用户设定块的最大宽度，该值是判断地形能否进行递归四分的依据。然后，采用自顶向下的方式把整个森林场景作为根节点，从根节点出发判断群落区域的宽度是否超过用户设定的最大宽度，若不超过，则不分割并作为叶子节点，并对节点的相关信息进行保存；否则，对根节点不断递归分割成相等的 4 个子节点区域，如果该节点有兄弟节点，则同样进行递归分割，直到不再满足分割条件为止。最后，将所有的叶子节点都保存在外存中。分块大小应该控制在合理范围内，如果分块太大，则进行块内检索计算的计算量会大大增加；如果分块太小，需要进

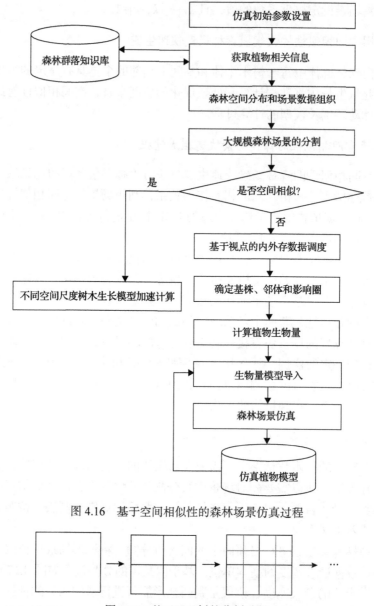

图 4.16　基于空间相似性的森林场景仿真过程

图 4.17　基于四叉树的分割过程

行块内检索计算的分块数量将会增加，同样会使得总的仿真时间变长。

　　对大规模森林场景进行基于四叉树的分割后，块是呈规则分布的，因此可以用数组既快又简单地实现该算法。设分割后得到的场景树底层节点的场景块数量为 L，用一个二维数组 $A[L][L]$ 来存放块之间的相似度，如表 4.1 所示，数组中的每一项 $A[i][j]$（$0 \leqslant i < L, 0 \leqslant j < L$）表示第 i 块和第 j 块之间的相似度，表中的第 i-1 行

每项的值分别表示第 i 块与其他块之间的相似度。相似度的计算是在预处理中进行的，所以不需要耗费额外的时间。

表 4.1　相似度的存储结构

$A[0][0]$	$A[0][1]$	$\cdots$	$A[0][L-1]$
$A[1][0]$	$A[1][1]$	$\cdots$	$A[1][L-1]$
$\vdots$	$\vdots$		$\vdots$
$A[L-1][0]$	$A[L-1][1]$	$\cdots$	$A[L-1][L-1]$

森林生长仿真过程需要建立一个内外存调度的块信息索引表,用于记录所有场景块的状态信息，并根据当前视点区域参数的变化进行动态更新。定义一个一维指针数组 $B[L]$ 来存放场景块的内存地址，当 $B[i]=0$ 时，表示第 i 块的数据没有载入内存；当 $B[i]\neq0$ 时，$B[i]$ 的值表示场景块所在内存区域的首地址，用公式可以表示为

$$B[i]=\begin{cases}0, & \text{第 } i \text{ 块的数据没有载入内存} \\ n(n\neq0), & \text{场景块所在内存区域的地址}\end{cases} \tag{4.8}$$

3. 利用空间相似性的森林场景快速生成算法

在森林场景的仿真过程中，离视点越近的块，需要的细节信息就越丰富，且真实感更强，那么能够替换该块的其他块与其相似度必定比较高；反之离视点越远的块，用户不需要很详细地知道细节，只需要对场景有稍微逼真的感官效果即可，那么能够替换该块的其他块与其相似度可以适当降低。假设场景中分块之间的相似度阈值从小到大分别记为 $\mathrm{SIM}_1, \mathrm{SIM}_2, \mathrm{SIM}_3, \cdots, \mathrm{SIM}_n$，至于选择哪个相似度阈值，由视点到该块的距离决定，用公式表示为

$$\mathrm{SIM}=\begin{cases}\mathrm{SIM}_1, & d_1\leqslant d \\ \mathrm{SIM}_2, & d_2\leqslant d<d_1 \\ \mathrm{SIM}_3, & d_3\leqslant d<d_2 \\ \vdots \\ \mathrm{SIM}_n, & d_n\leqslant d<d_{n-1}\end{cases} \tag{4.9}$$

式中，$0\leqslant d_n<\cdots<d_3<d_2<d_1$，$d_i(i=1,2,\cdots,n)$ 表示块到视点的距离阈值；d 表示视点到块的实际距离。为了描述该信息，用一个二维数组 $B[2][n]$ 记录距离阈值与相似度阈值之间的关系，将上述关系转化为数组，如表 4.2 所示。

表 4.2　距离阈值与相似度阈值之间的关系

距离阈值	d_1	d_2	d_3	$\cdots$	d_n
相似度阈值	SIM_1	SIM_2	SIM_3	$\cdots$	SIM_n

利用场景的空间相似性对某场景块进行仿真的算法步骤如下。

步骤 1：假设当前场景块为 i，如果 $B[i]$ 不为 0，则将 $B[i]$ 赋值给 tmp 指针变量，然后跳转到步骤 6，否则进入步骤 2。

步骤 2：计算块 i 与视点的距离 d。

步骤 3：搜索二维数组 C 的第一行，找到第一个值小于等于 d 的项 $C[0][n]$，相应的 $C[1][n]$ 即为可以替换的最低相似度值。

步骤 4：遍历数组 A 的第 i 行，寻找满足值大于等于 $C[1][n]$ 且对应的 $B[k]$ 不为 0 的最大项 $A[i][k]$，若找到该项，则将 $B[k]$ 赋值给 tmp，然后跳转到步骤 6，否则进入步骤 5。

步骤 5：从外存调用第 i 块的数据到内存，并将存放该块数据的地址赋值给 $B[i]$ 和 tmp。

步骤 6：从 tmp 指向的内存区读出数据并进行仿真。

利用空间相似性对场景块仿真的具体流程如图 4.18 所示。

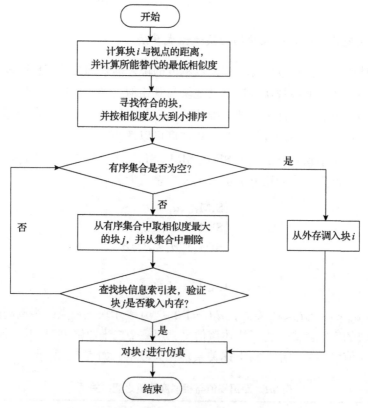

图 4.18　利用空间相似性对场景块仿真的具体流程

4.3.3　实验结果分析

实验测试平台配置：CPU 为 3.2GHz，显存为 32MB，内存为 2GB，软件环境为 Visual C++6.0。

实验选取人工混交林种植，每块样地种植 1000 棵树，水曲柳和落叶松隔行交替种植，每种树 500 棵，每排种植种类相同，而且等间距。实验样地场景块如图 4.19 所示，其中图 4.19(a)表示所选取的 3 块样地，记为 A、B、C，这 3 块是在内存中已经完成计算的样地场景块，图 4.19(b)为未完成且需要计算的森林场景块，记为 1~9。实验分别测得 A、B、C 与待计算场景块之间的相似度，如表 4.3 所示。

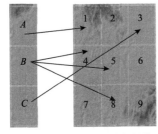

样地	可替换的块
A	1
B	4、5、8
C	3

(a) 已计算样地　(b) 待计算场景块　　　　　　(c) 场景块替换情况

图 4.19　实验样地场景块

表 4.3　已计算样地与待计算场景块之间的相似度

样地	场景块								
	1	2	3	4	5	6	7	8	9
A	0.93	0.89	0.68	0.76	0.57	0.51	0.77	0.58	0.84
B	0.70	0.73	0.80	0.96	0.93	0.89	0.88	0.93	0.72
C	0.45	0.66	0.96	0.78	0.76	0.86	0.73	0.76	0.45

假设待计算场景块与已计算样地之间的相似度 SIM 达到 0.9，即 SIM $\geqslant$ 0.9，那么已计算样地可以直接替换待计算场景块，图 4.19 箭头所示的是可以替换的块，块 A 可以替换块 1，块 B 可以替换块 4、5 和 8，块 C 可以替换块 3，块 2、6、7 和 9 不可替换，场景块替换情况如图 4.19(c)所示。

本章的大规模森林场景快速生成算法，通过计算植物在互利和竞争作用下的生物量[142]来表达森林场景中植物的生长状况，并得到与生长量相匹配的三维树木近似模型，所以在场景的空间相似度达到一定比例的情况下，不同场景块中树木的生物量也应该维持在一个适当的范围，这样才能保证树木的三维模型大体相似。基于此，本章还对不同相似度下的植物生物量进行了测试。

森林场景块之间的总生物量比可以定义为

$$Sim(bio) = \min\left\{\frac{b_{基准块}}{b_{其他块}}, \frac{b_{其他块}}{b_{基准块}}\right\} \tag{4.10}$$

式中，$b_{基准块}$ 表示基准块所有植物的总生物量；$b_{其他块}$ 表示其他块所有植物的总生物量。

通过查阅《东北主要林木生物量手册》[142]可得到植物的实际生物量，20 年份的水曲柳和落叶松的生物量分别为 24.87kg、30.38kg。实验测得样地 A 的植物总生物量为 66583kg，样地 A 与其他 9 块森林场景块的相似度和生物量如表 4.4 所示，可见各场景块内的植物总生物量基本维持在一个合理的范围内。场景块之间的总生物量比与场景块之间的相似度比较接近，因为相似的场景块，其植物的生长环境也比较相似，所以生物量比较接近，且随着相似度的增大，总生物量比值也相应增大。

表 4.4　样地 A 与其他 9 块森林场景块的相似度和生物量

场景块	1	2	3	4	5	6	7	8	9
相似度	0.93	0.89	0.68	0.76	0.57	0.51	0.77	0.58	0.84
总生物量/kg	62588	73168	63919	48605	43278	37286	49271	41947	22929
总生物量比	0.94	0.91	0.65	0.73	0.65	0.56	0.74	0.63	0.89

实验还测得不用样地替换完成森林场景的计算时间和用样地替换完成生长模型的计算时间，如表 4.5 所示。可以发现，用样地替换后，森林场景的生长模型计算时间大大缩短，大规模森林场景的生成速度明显提高，且用样地替换前后的植物总生物量基本保持不变。

表 4.5　森林场景的计算时间与总生物量对比

参数	不用样地替换	用样地替换后
生长模型计算时间/ms	7826	3481
总生物量/kg	599454	599391

1) 整个森林场景的生长模型计算

为了分析所提出基于相似性的算法的有效性，实验在区域内随机种植落叶松和水曲柳两个树种，树木初始高度设为 0.5m，利用植物间相互作用模型进行 20 年后生长情况的计算。算法的相似度计算是在场景分块的基础上进行的，所以先要对场景进行分块处理，森林生长模型的计算时间与分块的大小(记为 K)有关，K 值为构成分块的边的采样点个数。实验对不同 K 值的情况进行分析和比较，发现

K 值太大或太小都会造成计算时间更长。图 4.20 为不同分块大小时完成整个场景仿真所需时间。

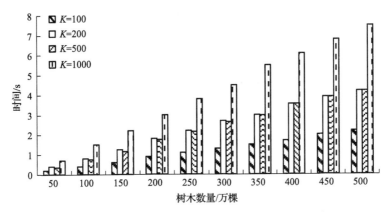

图 4.20　不同分块大小时完成整个场景仿真所需时间

图 4.21 显示了不同相似比例下完成整个场景仿真所需时间，其中分块大小为 $K=100$。实验分别比较了无相似、相似比例为 20%、相似比例为 40%、相似比例为 60%、相似比例为 80%情况下森林生长仿真计算所需时间。可以发现，场景块之间的相似性，对大规模森林生长仿真计算有非常明显的加速作用，场景相似比例越高，生长模型计算所需时间越少。

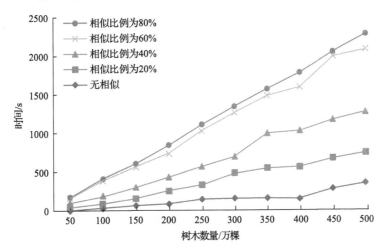

图 4.21　不同相似比例下完成整个场景仿真所需时间

2) 视域部分森林场景的生长模型计算

在森林的可视化仿真中，通常情况下，森林场景的可视部分只是整个场景的一小部分，如何快速地对视域部分的树木进行生长计算是森林生长仿真和虚拟漫游的关键。实验中，分块大小为 $K=100$，把视域内的树木数量设为 5 万棵，通过虚拟视点平移 100 次的方式得到在不同相似比例下完成森林场景视域部分仿真所需时间,如图 4.22 所示。实验结果表明,场景块之间的相似性对视域部分森林场景生长模型的计算同样具有明显的加速作用,相似比例越高,生长模型计算所需时间越少。

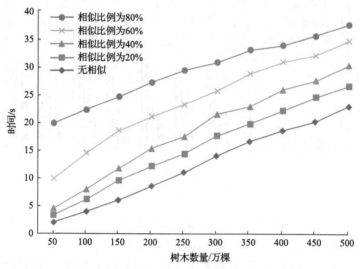

图 4.22　不同相似比例下完成森林场景视域部分仿真所需时间

　　本节所提出的基于空间相似性的大规模森林场景快速生成算法,通过对场景的仿真数据进行有效的组织和预处理,在满足大规模森林可视化仿真精度要求的情况下,利用在不同空间尺度下树木生长环境的相似性来加速森林动态生长仿真过程。为了验证本节所提算法的有效性,实验选择水曲柳与落叶松混交林规则种植、随机分布种植等情况进行仿真实验。实验结果表明,本节所提出的基于空间相似性的大规模森林场景快速生成算法,在保证仿真精度的同时能满足森林场景快速可视化仿真的要求。

　　本节所提算法主要针对空间尺度上树木生长情况的相似性,虚拟森林在不同时间上的空间分布也会存在一定的相似性,可以利用不同时刻空间分布中相似区域的森林生长情况来近似代替当前时刻对应空间区域的森林生长情况。另外,本节对空间场景的相似性分析主要从密度、地形特征、海拔等角度考虑,由于森林动态生长及环境因素的复杂性,寻找更符合实际需求的相似性计算模型是森林生态仿真的重点。

4.4　基于 CUDA 的森林演化并行加速计算

　　森林演化过程具有长期性和复杂性的特点,很难对森林场景直接进行实验性研究。森林演化模型定量描述森林演化过程,以简洁的函数形式抽取林木的关键属性和影响其生长的主要环境因子来构建演化方程,通过计算每棵树木的更新、生长和死亡来重现森林的变化过程,为解决该问题提供了一种途径[143-147]。近年来,空间明晰化森林演化模型成为生态学家研究的热点[145-147]。在该模型中,每棵树木具有明确的位置属性和特定的形态属性,森林演化过程中树木间的相互作用在水平空间和垂直空间均能被详细描述。例如,垂直空间光照资源的获取可以充分利用林木的空间几何表示,通过跟踪不同角度光线由上而下穿透遮挡的邻域树到达测量点的过程来模拟光照竞争。水平空间的种子扩散也能在统一的空间坐标系中得以体现。每棵成熟的树木都具有产生种子的能力,其产生的种子数根据不同树种的扩散能力分布到森林各处,样地某处的种子数是所有成年树分布到该处的种子数总和。

空间明晰化森林演化模型比其他演化模型更真实准确地描述了森林动态演化过程,但对其进行计算机模拟极为耗时,主要原因是参与计算的森林场景数据庞大。但分析发现,演化模拟具有计算密集度高、数据可高度并行化的特点。以种子分布为例,两个种子收集点之间的种子分布计算具有独立性,且不同母树产生的种子分布到某一收集点的过程没有关联性。因此,种子分布可分解为多个独立的、计算任务一致且可并行的计算单元,每一计算单元处理一棵成年树分布到某一收集点的种子数。综合分析其他演化子模型可知,其均具有可并行拆分的特性,适用于并行算法优化处理。

对比传统的 CPU 处理技术,GPU 具有强大的并行计算能力、高带宽以及灵活的编程模型,吸引了越来越多的研究者将重点转移到利用 GPU 解决通用计算任务上[148]。目前,利用 GPU 进行森林仿真的研究主要集中于大规模森林场景渲染,而非森林动态演化计算。

以空间明晰化森林演化模型为基础,通过研究基于 CUDA 的种子分布和成年树生长计算算法,设计并实现并行加速。该算法首先根据 GPU 体系特点设计合理的数据结构,用于存储林木数据和森林样地数据,加速了大块、只读数据的访问。分析种子分布和成年树生长这两个子模型的计算特点,设计合适的计算内核以及线程组织方式,并根据程序的数据局部性设计合适的 GPU 存储器访问算法,提高了计算强度。实验结果显示,基于 GPU 的优化处理能获得较好的加速性能,缩短整个演化过程的计算时间。

4.4.1　森林演化并行加速思想的提出

1. CUDA

GPU 最初是为处理图形设计的。近年来,GPU 强大的并行计算能力吸引了越来越多研究者将注意力转移到通用计算上来。传统的通用计算技术依赖图形编程接口和固定的渲染流水线实现 GPU 编程,导致编程人员开发程序的难度较大。

CUDA[149]得益于其直接灵活的编程模型，带来了 GPU 通用计算领域的一场革命。近年来，研究人员利用 CUDA 进行了大规模数据的通用并行计算并将其推向主流[150]。例如，GPU-Quicksort[151]利用 CUDA 实现了快速排序的加速处理，获得了 10 倍以上的加速效果，对 1600 万个浮点型数据进行排序只需耗费不到 0.5s 的时间。

图 4.23 为 CUDA 线程体系，CUDA 通常将某计算任务进行并行分解，映射成 GPU 上大量可被动态调度且并行执行的线程。CUDA 编程模型利用层级结构组织线程网格，一个网格由若干线程块组成，而一个线程块包含固定数量的线程。同一线程块中的线程可利用共享存储器共享数据，并且通过栅栏同步方式实现各线程的相互协作。共享存储器是片上存储器，容量小，延迟低。CUDA 提供存储体机制来提高带宽，对于存储器半线结束中的线程，如果不产生存储体访问冲突，则共享存储器访问速度很快。CUDA 没有全局协作机制，因此不同线程块之间的线程只能通过全局存储器来实现数据共享。全局存储器占据了显存的较大部分，具有较高的访存延迟。一般利用合并访问请求来获得最大带宽。

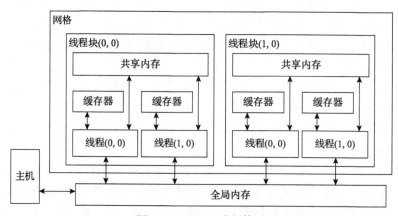

图 4.23　CUDA 线程体系

为管理大量线程，GPU 采用单指令多线程处理器(简称 SM)架构管理线程。一个线程块被分配到一个 SM 中运行，而线程块中的每个线程则被分配到一个处理核心上运行。事实上，线程块中每 32 个并行线程作为一组线程束被调度执行。当线程束中的全部 32 个线程执行路径相同时，性能是最高的。如果线程执行路径不同，则会引起分支，影响并行效率。为最大化 SM 的利用率，一个 SM 中采用常驻线程块机制，一旦当前线程块进行访问全局存储器等高延迟操作而阻塞，硬件可立即调度另一准备好的线程块。每个 SM 中可装载的常驻线程块数依赖内核执行配置以及 SM 的硬件资源。CUDA 能根据占用率等信息确定在给定的内核执行配置下常驻线程块的数量。

2. 森林动态演化模型及其计算的并行性

森林动态演化模型模拟计算包括数据表示和演化过程两部分。数据表示包括森林样地和树木两部分。森林样地简化为矩形区域 M，被 X-Y 坐标系均匀离散化为一系列正方形样地单元 M_{xy}，如图 4.24 所示。X 轴代表东西方向，Y 轴代表南北方向。样地单元边长代表样地网格的分辨率，影响计算精度，边长越小，分辨率越高，计算精度越高，但所耗费的计算时间越长，边长默认为 1m。

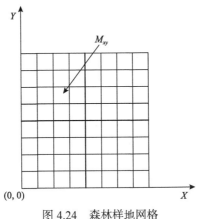

图 4.24　森林样地网格

树木是演化计算的主体对象。根据生长过程中的形态大小划分为 seed（种子）、seedling（幼苗）、sapling（幼树）和 adult（成年树）。除种子被量化为单位面积的种子数外，其余三个阶段属于具有空间位置 P 和几何形态的树木个体阶段，树木的几何模型如图 4.25 所示，树冠和树干分别被简化为两个圆柱体。树木胸径用 DBH 表示，树冠半径、冠长和树高可由以 DBH 为参量的函数依赖关系求得。

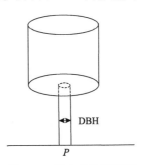

图 4.25　树木的几何模型

森林演化是一个循环过程，在每个生长周期内，种子在土壤基质的作用下萌发为幼苗。树木生长受资源竞争和邻域环境影响，生长状况不好的树木会出现衰弱死亡，成年树生产种子并分布到样地单元，完成一个生长周期的森林演化过程。

因此，一个生长周期的演化流程细分为幼苗萌芽、幼树生长、幼树死亡、成年树生长、成年树死亡和种子分布六个子模型计算。

基于以上模型进行实验模拟发现，成年树生长和种子分布这两个子模型较耗时，且具有计算密集度高、数据可高度并行的特点，因此将其作为重点并行加速对象。

4.4.2　种子分布并行优化计算

1. 种子分布子模型

一般情况下，森林演化仿真中样地被描述成一个矩形区域，并被细分成规则的网格单元。网格是种子分布计算的基本依据，在大规模森林场景使用的 SORTIE 模型[152]中，种子的分布以被离散成不同网格种子密度的形式表示。成年树个体产生的种子扩散至不同的网格单元中，网格与同一成年树的距离不同，获得的种子数量也不同，距离越远的网格，散落到的种子数量越少。而成年树产生的种子数量与该树木自身胸径有关，胸径越大，表示该树木的繁殖能力越强。种子分布模型如图 4.26 所示，对于第 k 棵成年树，其对目标样地网格产生的种子数量为 $P(k)$，为计算整块样地的种子分布情况，需要进行两重循环。

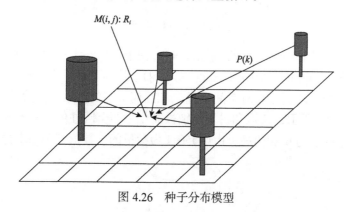

图 4.26　种子分布模型

（1）遍历场景中位于不同位置的所有成年树，以计算样地单元 $M(i,j)$ 的种子密度 R_i。

（2）重复步骤（1），遍历所有样地网格单元，从而计算整块样地的种子分布情况。

种子分布模型的数学公式描述如下：

$$R_i = \sum_{k=1}^{N} P(k) \tag{4.11}$$

式中，R_i 表示样地 i 的总种子数量；N 表示森林中可繁殖的成年树（判断标准为胸

径大于最小可繁殖胸径)数量；$P(k)$ 表示第 k 棵成年树对样地 i 产生的种子数，即

$$P(k) = \frac{1}{\eta}\mathrm{STR} \times \left(\frac{\mathrm{DBH}(k)}{30}\right)^{\beta} \times \mathrm{e}^{-Ud^{\theta}(k)} \qquad (4.12)$$

式中，STR、η、θ、β、U 表示与树种相关的常量参数；DBH 表示成年树胸径的大小；$d(k)$ 表示第 k 棵成年树与样地 i 的实际物理距离。

该公式定量描述了特定成年树个体对目标样地网格单元所贡献的种子数量与成年树胸径 DBH 成正比，目标样地与树木之间距离的指数函数成反比。

在上述模型中，不同繁殖种子的成年树之间互不影响，分布在不同样地网格中的种子密度也互不影响。由此可见，种子分布的计算耗时与样地规模、成年树数量有关。

此外，每棵成年树个体对某一特定样地网格所产生的种子计算可以很好地分解成细粒度的子计算。为提高种子分布的计算效率，可以采用 GPU 并行框架对两重循环进行分解，将细粒度的子计算映射成 CUDA 中的线程。

种子分布的两重循环被直接映射成 CUDA 线程网格中的 X 与 Y 维度。对所有样地网格的遍历将被映射成线程网格的 Y 维度，对所有成年树的遍历被线程网格 X 轴的线程取代，在同一 X 维度，线程块被设置成一维线程组。图 4.27 为种子分布直接 GPU 实现示意图，图中左半部分为样地网格，黑色圆点为成年树，图中右半部分为相应的线程网格。在线程网格中，对于同一 X 维度的所有线程，将相应计算某一样地网格单元的所有成年树种子贡献数，例如，图中样地单元 $M(i,j)$ 的种子分布密度将被线程网格中 Y 维度值为 $i+j\times$PW 的所有线程计算，其中 PW 为样地网格的宽度，图中曲线为具体的线程单元。样地单元 $M(i,j)$ 种子密度分布结果为 $i+j\times$PW 维度上所有线程块结果进行求和后所得值。

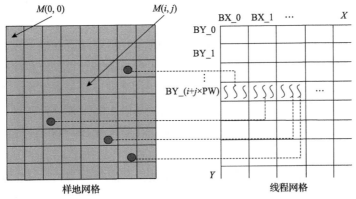

图 4.27　种子分布直接 GPU 实现示意图

另外，操作系统提供了一种保护机制，以限制 GPU 硬件资源支持范围内内核

的运行时间。考虑到成年树过多的情况，将成年树分成若干批执行，通过多次执行内核完成所有样地种子分布计算。

上述算法在一定场景规模内，相对单纯 CPU 算法串行处理达到了很高的加速比。然而，随着样地与成年树规模的扩大，线程网格 X 维度与 Y 维度所分配的线程规模将超出 GPU 硬件所固有的最大线程规模。为降低分配线程规模，可以对单位线程分配多棵成年树计算，如 t 棵。该算法可以在一定程度上解决线程规模不够大的问题，但同时使得整个系统的仿真计算变得低效，导致这一问题的主要原因有两个：一是种子分布在计算中具有一定的条件分支（如判断胸径是否大于最小可繁殖胸径），而 GPU 对逻辑分支的处理能力较弱，单位线程内重复过多逻辑操作会大大降低运算效率；二是同一线程块内相应增加的线程同步操作也会降低 GPU 的计算效率，所以此处 t 的取值不能过大。经在型号为 NVIDIA Quadro 600 的 GPU 上进行测试，并综合考虑线程规模和计算效率，t 取值 10 为最佳，当 t 的值增加 1 倍时，整个种子分布的计算时间将是原来的 3.3 倍。

当样地规模达到 250m×400m 时，该算法比单纯 CPU 算法提速 1000 多倍，然而，由于单纯 GPU 算法对计算资源的限制（线程规模），当样地规模持续增大时，该算法将达到其计算瓶颈。为此，本节将针对该问题对种子分布采用多分辨率聚类算法进行改进。

2. 种子分布多分辨率聚类算法

1) 种子分布模型分析

从种子分布模型中可知，整个森林场景的种子分布计算时间复杂度为 $O(N×G)$，其中，N 表示样地网格数目，G 表示可繁殖成年树总量。面对如此高的计算时间复杂度，本节将采用多分辨率聚类算法来减少计算量，提高计算效率。为形成适合于森林场景所需不同分辨率的数据，采用聚类算法对数据进行聚合和层次划分，并在 CUDA 环境下实现线程级的多分辨率计算。这不仅充分发挥了 CUDA 计算架构并行性的特点，也大大减小了内核所需计算的线程规模，从而实现高效率的模拟计算。为验证该算法的可行性并合理设计聚类算法，本节将对种子分布模型的生物曲线进行定量分析，并在此基础上详细描述针对种子分布模型的多分辨率聚类算法。图 4.28 是种子分布模型的生物曲线（图中所有参数引用于伯克利山谷研究中心）。

从图中可以看出，目标样地网格的种子密度和成年树与目标样地距离呈显著的单调递减关系。对于毛果冷杉，当成年树与目标样地距离超过 40m 时，目标样地网格的种子密度接近于零。同样，对于美国山杨，当成年树与目标样地距离超过 60m 时，目标样地网格的种子密度也几乎为零。

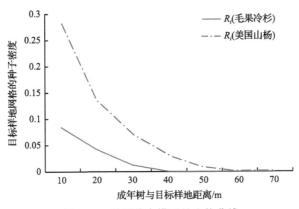

图 4.28　种子分布模型的生物曲线

2) 种子分布多分辨率聚类

初始化样地网格中的分辨率为 1m×1m，在该分辨率下，每棵成年树都可以被样地网格索引。在种子分布阶段，称该分辨率为最高分辨率。对于 $2m^k×2m^k(k$ 属于自然数) 大小的样地，单元集可以均匀细分与聚类，因此将每 2m×2m 的样地网格单元聚类成一个父节点，如此按照类似满四叉树建立算法聚类成不同层次的节点。聚类节点的坐标为其包含所有成年树坐标的中心位置，而最高分辨率的样地网格被定义为叶子节点。在图 4.29 左半部分，r_1、r_2 为与目标样地单元 $M(i,j)$ 不同距离的成年树 (图中圆点表示) 所在区域。r_2 相对于 r_1 距离更远，包含更多基本样地网格单元，例如，图 r_1 区域是由 2×2 块 r_1 区域大小的子区域组成的。在图 4.29 右半部分，不同大小黑色圆点为聚类后树木数据的表示，其中圆点越大，代表聚类节点所在层次越高。图中 n_1、n_2 分别代表区域 r_1、r_2 成年树聚类后所形成的节点。n_1 包含 4 个叶子节点 (最高分辨率网格单元)，定义为第 1 层聚类节点，同理 n_2 定义为第 2 层聚类节点。因此，可以推断网格单元与其母树距离越远，包含该网格的聚类节点越多。

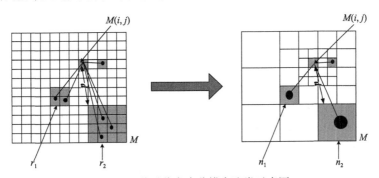

图 4.29　种子分布多分辨率聚类示意图

在完成聚类原理描述后，下面将介绍如何计算基本聚类节点所存储数据。对于某一特定聚类节点，将该点至目标样地网格的距离定义为 d。同一聚类节点中成年树与目标样地的距离可以看作近似相等，因此对于同一聚类节点中的所有成年树，式(4.12)中，$d(k)$ 可以描述成 d；以 U 和 θ 为植物参数常量，可得 $e^{-Ud^{\theta}}$ 对于一个聚类节点中的所有同种树木是相等的；STR、η、θ 也为树种相关的常量，对于一个包含 m 棵某一树种成年树的聚类节点，其对目标样地网格产生的种子密度的数学表达式可以转换为

$$R_i = L \times \sum_{k=1}^{m} \left(\frac{\mathrm{DBH}(k)}{30} \right)^{\beta} \tag{4.13}$$

式中，L 的值为

$$L = \frac{1}{\eta} \times \mathrm{STR} \times e^{-Ud^{\theta}} \tag{4.14}$$

对于同一聚类节点中的特定树种，上述公式中的所有因子值都是相同的，所以该值可以称为聚类节点的因子，而聚类节点的值定义为

$$\mathrm{NODE}(p,q) = \sum_{k=1}^{m} \left(\frac{\mathrm{DBH}(k)}{30} \right)^{\beta} \tag{4.15}$$

式中，(p,q) 表示该节点是位于第 q 层的第 p 个节点。位于该聚类节点内的 m 棵成年树的 m 次计算操作将被该节点的一次计算取代，而原始 m 棵成年树计算输入值将改为该聚类节点值。在该公式中，q、m 的值取决于 L 中 d 的大小，例如，对于毛果冷杉，当 $d<40\mathrm{m}$ 时，q 为 0(使用叶子节点)，m 值为 1 或者 0(只包含一棵成年树或者不包含成年树)。当 $40<d<s_e$ 时，q 为 1(第一层聚类节点)，m 为 0~4 的某一个值，其中 s_e 为自定义第二层聚类节点的距离尺度。综合考虑计算精确度与效率，将毛果冷杉的 d 定义为 80m。

3. 种子分布多分辨率聚类实现

1)多分辨率数据存储

种子分布多分辨率聚类数据结构如图4.30所示,对于不同层次的聚类节点,本节将使用不同层次大小的数组进行表示。数组中每个元素存储的值即为式(4.15)节点的值。图 4.30 中描述了第 k 层与第 $k+1$ 层之间数据的关系。当第 k 层中具有 n 个节点值时,第 $k+1$ 层中则有 $4n+4$ 个元素值。每个父节点的值都由 4 个子节点的值累加而成,例如, $\mathrm{NODE}(0,k+1)$ 的值为 $\mathrm{NODE}(0,k)$ 至 $\mathrm{NODE}(3,k)$ 值的和。为便于理解,图 4.30 为单一树种的数据存储,但在实际应用中,一般具有多个树种,因此对于具有 s 个树种的应用,只需将每个层次的树种等比例扩大 s 倍,将新树种数据按相同算法添加至每个层次的向量数组尾部。

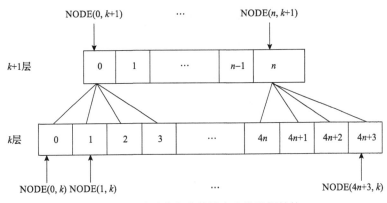

图 4.30 种子分布多分辨率聚类数据结构

2) 种子分布多分辨率 GPU 实现

在直接采用 GPU 并行框架实现种子分布两重循环的基础上，为更好地解决单纯 GPU 算法中过大的线程规模影响效率这一问题，本章将利用前面组织好的多分辨率聚类节点取代原始树木，并将其作为单元线程计算的输入数据，从而减小线程规模。为此，需要对 GPU 内核的实现进行相应改变，图 4.31 为种子分布多分辨率 GPU 近似算法实现示意图。与单纯 GPU 算法一样，图 4.31 中左半部分为样地网格，右半部分为线程网格，曲线代表单元线程，不同的是，此时图中黑圆点代表不同聚类层次的聚类节点。

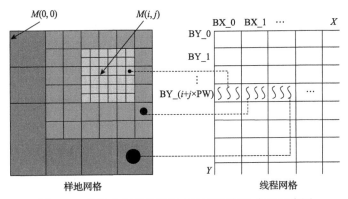

图 4.31 种子分布多分辨率 GPU 近似算法实现示意图

目标样地单元与成年树距离不同，取代成年树的聚类节点也不同。例如，图 4.31 中网格划分最精细区域代表距离目标样地单元 $M(i, j)$ 最近的区域。在此区域，单位线程将计算聚类节点中叶子节点对目标样地所产生的种子量，为保证仿真结果的准确性，该区域的大小主要取决于各树种的生物曲线。网格划分相对精细区域 $M(0,0)$ 代表距离目标样地单元相对较远的节点，此时单位线程计算对象为分辨率相对较低层次的聚类节点，如第一层聚类节点。网格划分最粗糙区域（最外层区域)代表最远处的聚类节点,此时单位线程计算对象为最低分辨率层次的聚类节点。目标样地单元 $M(i,j)$ 最终种子分布密度值为 $i+j \times PW$ 维度上全部线程对所有聚类节点计算值的和,PW 为线程网格 Y 维度的宽度。

假设样地网格单元总量为 n,成年树数量为 k,在单纯 GPU 算法和多分辨率 GPU 近似算法中,单位线程计算的成年树或者聚类节点数量都为 t。此时,单纯 GPU 算法在 X 维度的线程规模为 k/t,总线程规模为 $n \times k/t$。通过多分辨率聚类算法的改进,线程规模变为 $n \times m/t$。其中,m 为森林场景计算的聚类节点数量,该值远远小于原始成年树数量 k。因此,多分辨率 GPU 近似算法的线程规模总减少量为 $n \times (k-m)/t$,其中,k 与 n 呈线性相关关系,而 m 与 n 呈对数相关关系,即 m 为 $O(\log_2 n)$。在单纯 GPU 算法中,X、Y 维度的复杂度都为 $O(n)$,其时间复杂度为 $O(n^2)$,而多分辨率 GPU 近似计算中,在 X 维度上,其复杂度为 $O(\log_2 n)$,因此整个算法的时间复杂度为 $O(n \times \log_2 n)$。可见,该算法不仅在线程规模上,而且在时间复杂度上也得到了相应的改善。

(1)算法步骤。

CUDA 内核的基本执行单元是线程。下面是种子分布线程内核线程的具体算法步骤。

步骤 1:初始化数据,将主机内存上聚类节点数据及树木属性相关数据传至设备内存上,开辟块数量大小的共享内存。获取线程所在块的 Y 维度 k=blockIdx.y(表示第 k 块目标样地),获取线程在 X 维度上的值 cluster=blockIdx.x×blockDim.x+threadIdx.x(即低分辨率聚类层的索引)。

步骤 2:根据 cluster 和 k 获取相应聚类与目标成年树坐标等数据,计算节点 cluster 与目标样地 k 的距离 d,根据该线程所计算节点的距离 d 与聚类不同距离尺度值来确定该聚类节点是否由更高分辨率的聚类节点取代。例如,假设第二层聚类节点的聚类尺度值为 ρ_2,若 $d>\rho_2$,则将 cluster 细分,否则不细分。

步骤 3:如果 cluster 已经细分为叶子节点或者满足不细分条件,则根据 X 维度线程索引值获取划分后的节点数据。利用节点数据与距离 d,通过种子分布模型计算种子分布结果,将值累加到共享内存数组中。

步骤 4:如果线程在步骤 2 中的节点需要继续细分,则线程通过节点索引获取其所有子节点数据,重复步骤 2。

块内线程同步,将块内 nci_thread 元素累加,将计算结果写入全局存储器。

(2)存储访问。

由于 CUDA 具有不同性质的内存资源,高效的 GPU 算法不仅要实现合理的线程分配,也要对 CUDA 不同的内存资源进行有效分配与调度。可以充分利用 CUDA 具有不同性质内存资源的特点,尽可能地增大线程访问带宽,减少访问内存带来的时间延迟。下面将从常量内存、全局内存和共享内存三个方面介绍种子分布模型存储访问上的策略。

常量内存具有容量小、访问延迟非常低的特点，在种子分布中主要用于树种参数以及模型其他常量参数的存储，此类参数一经初始化将不做任何改变，而且存储量非常少。因此，种子分布中每个常量参数都将被分配一个用于存储其不同值的数组，数组的大小即为树种的数量。常量参数的个数为所需开辟数组的数量，主要包括 STR、U、η、θ、β 等模型中计算所需常量。线程块内第 k 个线程的种子分布存储访问过程示意图如图 4.32 所示。

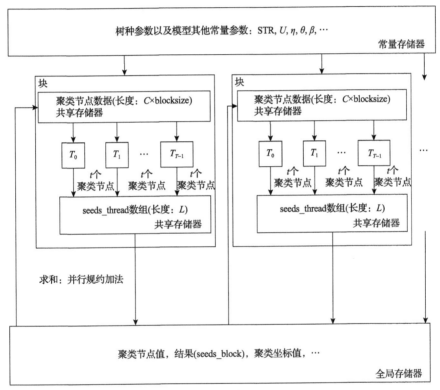

图 4.32　线程块内第 k 个线程的种子分布存储访问过程示意图

全局内存中存储的数据对线程网格所有线程是可见的，并且存储容量非常大。在种子分布中，存储在此存储器的值主要是聚类节点值、节点位置信息以及最终计算结果数组。聚类节点与节点位置在全局存储器中所开辟的大小是相等的，为聚类节点所在不同层次数据的总大小。对于大块数据传输，在 GPU 中也是一项非常耗时的工作。为此，采用二维数组的方式进行传输，并且将聚类节点不同层次数组的长度作为二维传输函数的对齐参数。

共享内存相对于全局内存具有较高的访问效率，但它只对同一块内的线程可见。在种子分布中，共享内存主要用于中间数据及结果的存储，在全局内存中数据用于种子分布模型计算前,聚类节点的值以及坐标信息先被复制到共享内存中,再通过线程调用共享内存来加速数据的访问过程。种子分布中每个线程块所需的共享内存大小为 $C×\text{blocksize}$,其中 C 为聚类节点信息(聚类节点值与坐标值)的单位数据长度,blocksize 为线程块的大小。

另外,在共享内存中分配了一个名为 seeds_thread 的数组来存储块内种子密度结果。为减少块内不同线程的访存冲突,该数组的长度设为 L,即线程块内的线程数量。在对单位线程进行 t 个聚类节点的遍历计算时,每个线程把计算结果存入寄存器,并最终根据线程在块内的索引累加到该数组相应元素中。CUDA 的同步操作将在该数组被全部写入后进行,以确保最终结果正确。最后使用并行规约加法[153]实现对所有 seeds_thread 数组中所有元素的累加,将最终累加结果写入全局内存中。如图 4.33 所示,累加结果分为 $\log_2 L$ 步,在每一步,线程对线程数组 seeds_thread 中下标为 s 与 $L/2+s$ 的元素对进行求和操作,这样 seeds_thread 缩短为原始长度的 1/2。例如,在步骤 k,数组 seeds_thread 中下标在 $L/2^{k-1}$ 之前的元素对进行求和操作,共有 $L/2^k$ 个线程参与求和操作。在完成所有求和操作后,第 0 个线程记录该线程块的最终求和结果。

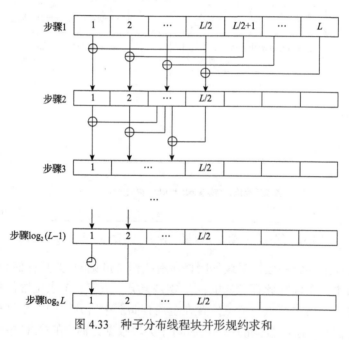

图 4.33　种子分布线程块并形规约求和

4. 实验结果分析

1)种子分布效率比较

在 CUDA 中,不同的线程块大小会影响流处理单元中常线程块驻块的数量,这在一定程度上将影响 GPU 的执行效率。因此，本节介绍不同线程块大小下多分辨率 GPU 近似算法执行效率的测试结果。表 4.6 为在不同样地规模和成年树数量情况下，多分辨率 GPU 近似算法分配不同线程块大小所需的执行时间。

表 4.6　不同线程块执行时间

样地规模/m²	成年树/棵	执行时间/ms		
		128 线程每线程块	256 线程每线程块	512 线程每线程块
5×10^2	10^2	105	102	107
5×10^3	10^3	187	177	198
5×10^4	10^4	771	735	796
5×10^5	10^5	20439	19367	21542

从表 4.6 中可以看出，当线程块大小为 256 时，线程执行效率最高。因此，在该块大小下，又对单纯 CPU 算法、单纯 GPU 算法和多分辨率 GPU 近似算法在执行效率上进行了比较。表 4.7 是在不同样地规模与成年树数量下单纯 CPU 算法和多分辨率 GPU 近似算法时间比较，表 4.8 是在同样情况下单纯 GPU 算法和多分辨率 GPU 近似算法时间比较。

表 4.7　单纯 CPU 算法和多分辨率 GPU 近似算法时间比较

样地规模/m²	成年树/棵	执行时间/ms		加速比
		单纯 CPU 算法	多分辨率 GPU 近似算法	
5×10^2	10^2	620	102	6.07
5×10^3	10^3	52250	177	295.20
5×10^4	10^4	5257500	735	7153.06
5×10^5	10^5	526500000	19367	27185.42

表 4.8　单纯 GPU 算法和多分辨率 GPU 近似算法时间比较

样地规模/m²	成年树/棵	执行时间/ms		加速比
		单纯 GPU 算法	多分辨率 GPU 近似算法	
5×10^2	10^2	157	102	1.54
5×10^3	10^3	294	177	1.66
5×10^4	10^4	2953	735	4.02
5×10^5	10^5	290125	19367	14.98

　　从表 4.7 和表 4.8 中可知，本节所提多分辨率 GPU 近似算法在不同样地规模下，比单纯 CPU 算法获得了上万倍的加速比，并且加速比的值随着森林场景规模的增大急剧上升。出现该现象的主要原因是，当场景规模较小时，CPU 与 GPU 之间的数据传输时间占据了整个算法的很大部分，伴随着场景规模的增大，GPU 中大量数据的传输时间将被密集计算时间掩盖。表 4.8 显示，当森林规模达到 $5×10^5 m^2$ 时，本节所提多分辨率 GPU 近似算法在效率上相对单纯 GPU 算法的加速比达到近 15 倍，并且当森林规模越大时，其加速比的提升越显著。出现该现象的原因是，随着森林规模的增大，树木数据被聚类简化的程度增加，进而缩短了 GPU 执行时间。

　　2）种子分布准确性比较

　　为验证多分辨率 GPU 近似算法的准确性，对一块 52m×89m 大小林地的真实森林场景数据进行模拟，模拟初始森林场景数据取自加拿大不列颠哥伦比亚省 SBS（Sub-Boreal Spruce）地区，位于北纬 55°。图 4.34 是单纯 GPU 算法和多分辨率 GPU 近似算法完成种子分布计算后的可视化结果。图中不同颜色代表不同树种，主要包括毛果冷杉、美国山杨、美国云杉和美国黑松四个树种，颜色的深度代表该种子密度的大小，颜色越深，种子密度越大。从图中可以直观地看出，两种算法在结果上非常接近。另外，本节定量地对单纯 GPU 算法结果与多分辨率 GPU 近似算法结果进行比较，森林中每块样地单元种子密度所使用的近似算法的相对误差在 0%~4.1%浮动，整个场景的平均相对误差为 1.72%。

(a) 单纯GPU算法种子分布结果　　　　　　　(b) 多分辨率GPU近似算法种子分布结果

图 4.34　不同 GPU 算法的种子分布结果

　　为进一步验证多分辨率 GPU 近似算法的准确性，本节对种子分布后幼年树萌芽数量进行测试。种子分布的结果直接影响了种子萌芽的数量，图 4.35 为种子分布完成之后 30 年内种子的萌芽数量。由图可知，多分辨率 GPU 近似算法种子萌芽数的相对误差率为 0%~3.1%，平均相对误差率为 1.9%。

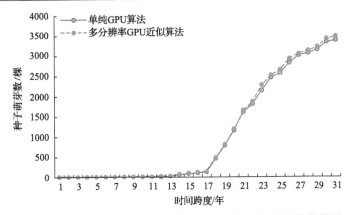

图 4.35　单纯 GPU 算法与多分辨率 GPU 近似算法种子萌芽结果

4.4.3　成年树竞争的多分辨率 GPU 计算加速

1. 成年树竞争子模型

在成年树生长阶段，主要包括光照计算、成年树竞争计算和生长量计算三个主要模型。本节重点介绍成年树竞争这一计算效率低下的子模型。

成年树生长模型的公式如下[154]：

$$Growth = MaxGrowth \times SE \times ShE \times CE \qquad (4.16)$$

式中，Growth 是成年树的胸径增长量；MaxGrowth 是成年树在无压力环境下的胸径最大增长量；SE(SizeEffect)是一个以 DBH(表示成年树胸径)为参数的负指数函数，表示树木尺寸对生长的影响；ShE(ShadingEffect)是以遮光率为参数的负指数函数，表示光照对树木生长的影响，即成年树的光照计算；CE(CrowdingEffect)表示邻域树竞争压力对目标成年树的影响，即成年树资源竞争指数。在所有影响成年树生长的因素中，CE 和 ShE 是影响仿真效率的两个主要因子。本节对 CE 的加速进行详细介绍，对 ShE 的加速将在后面进行介绍。

邻域树木的竞争因子 CE 的计算公式为

$$CrowdingEffect = e^{-C \times DBH^{\gamma} \times NCI^{d}} \qquad (4.17)$$

式中，C、γ、d 为树种相关的常数；NCI(neighbor crowding index)为邻域竞争指数，用来计算影响圈内所有树木个体对目标成年树的竞争影响。

邻域竞争指数大小主要由邻域树的胸径与距离两个因素决定，计算公式如下：

$$NCI = \sum_{i=1}^{S} \sum_{j=1}^{N} \lambda_i \frac{(DBH_{ij})^{\alpha}}{(distance_{ij})^{\beta}} \qquad (4.18)$$

式中，S 表示树种数量；N 表示某一树种的树木个体总数，包括幼年树和成年树；α、β 为树种相关常量参数；DBH_{ij} 表示邻域内树种 i 中第 j 棵树的胸径；$distance_{ij}$ 表示该邻域树与目标成年树之间的距离；λ_i 表示树种 i 相对于目标成年树种的竞争因子参数，是常量值。

树木竞争空间示意图如图 4.36 所示。对于第 k 棵成年树，邻域树对其产生的竞争指数计算需要遍历整个森林场景，为计算整个森林场景的竞争情况，需要进行两重循环。

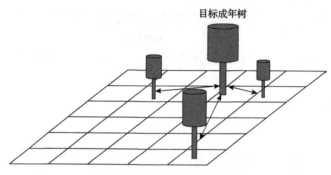

图 4.36　树木竞争空间示意图

步骤 1：为计算目标成年树，需要搜索遍历场景中位于不同位置的所有成年树。

步骤 2：重复步骤 1，遍历所有成年树，从而计算整个森林场景的竞争情况。

为加速计算，可以利用 GPU 中的并行线程处理搜索迭代，每个线程计算一定数量的树木个体对目标成年树的竞争指数，通过多线程的并发执行降低邻域树搜索计算时间，以提高仿真计算整体的运行效率。当成年树规模达到 5000 棵时，该算法比单纯 CPU 算法提速 2000 多倍。

2. 成年树竞争的计算

由成年树竞争模型的公式分析可知，不同成年树的邻域竞争指数计算是互不影响的，同时不同树木个体对目标成年树的竞争计算也是独立的。因此，将这两层迭代细粒度分解为多个子任务，每个子任务的目标是计算一定数量树木个体对一棵成年树的竞争指数，可以映射到 CUDA 的每个线程实现并行计算。采用一组二维线程块分解两层迭代，如图 4.37 所示。图中左半部分表示森林场景样地网格，其中黑色圆点代表树木个体，右半部分表示线程网格，曲线代表单位线程。

线程网格 Y 维度表示目标成年树，例如，图中维度值为 BY_Y 的所有线程将计算目标成年树 K 的最终邻域竞争值；线程网格 X 维度的所有线程表示对目标成年树产生竞争影响的所有树木个体（包括成年树和幼年树，幼苗不参与竞争计算）。树木个体列表被分割至若干线程块中参与计算（BX）；每个线程块负责计算一定数

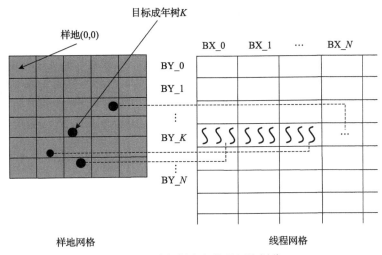

图 4.37　成年树竞争线程网格划分

量的树木个体对一棵目标成年树的竞争指数。以计算第 K 棵成年树为例，对应于线程网格中 Y 维度索引 BY_K。BY_K 上的每个线程块被分解为多个线程，分别代表会对该树产生竞争影响的树木个体。由于线程块间不能直接通信，在全局存储器中开辟了一维线性数组用于存储各线程块计算的竞争指数和。BY_K 上所有线程块的竞争指数累加和即为第 K 棵成年树的 NCI 终值。线程网格 Y 维度的划分方式取决于树木总量。

为了增加每个线程的计算量以隐藏访存延迟，使每个线程处理 $t(t \geqslant 1)$ 棵树木个体对目标成年树的竞争指数。与种子分布类似，此处 t 的取值不宜过大，否则将降低整个仿真的效率，t 取值 10 为最佳。假设每个线程块包含 T 个线程，那么线程网格在 X 维度上被分割成 $n/(T \times t)$ 个线程块，其中 n 表示树木总量(若不能整除，则对结果向上取整，以保证所有树木个体都参与计算)。

然而，由于单纯 GPU 算法受到线程规模的限制，当样地规模持续增大时，该算法会达到其计算瓶颈。因此，对于成年树的竞争，采取与种子分布类似的多分辨率 GPU 近似算法。由于成年树竞争模型有其自身的特点，在综合考虑成年树竞争计算效率和准确率的基础上，对成年树竞争采用两层分辨率的改进GPU 算法。

3. 成年树竞争多分辨率聚类算法

1)成年树竞争模型分析

由上述模型公式可知，为计算某一成年树的竞争指数，在未知其他树木是否为其邻域树木的前提下，需要遍历森林场景所有树木完成计算。在含有 N 棵成年树的森林中，未做任何改进的计算的时间复杂度为 $O(N^2)$。对于大规模森林场景，这样的计算耗时是相当巨大的。从模型计算中可知，目标成年树与邻域树的距离和竞争影响呈正相关关系，这与种子分布特性非常相似，因此针对成年树采用类似种子分布的多分辨率 GPU 近似算法，以减少计算数据量，提高计算效率。为定量验证该算法的可行性，并合理设计聚类算法，本节对成年树竞争模型的生物曲线进行定量分析，在此基础上详细描述针对成年树的多分辨率聚类算法。图 4.38 是以毛果冷杉与美国山杨树种为参数对成年树 CrowdingEffect 与距离的关系图（图中各参数引用于伯克利山谷研究中心）。

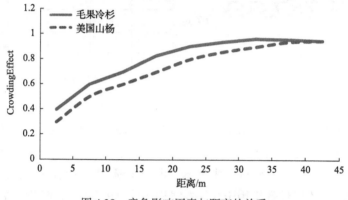

图 4.38　　竞争影响因素与距离的关系

　　邻域树距离目标成年树越远，竞争影响越小，当超过一定距离时，其 CrowdingEffect 接近于 1，根据成年树的生长模型(4.18)，在此情况下，邻域树对目标树的生长量几乎不产生任何竞争削减，称该距离为最大邻域半径，由图可知，毛果冷杉的最大邻域半径为 30m，美国山杨的最大邻域半径为 45m。位于最大邻域半径外的树木和目标成年树之间的资源竞争可近似忽略。利用这一生物特性，本节采用与种子分布类似的多分辨率 GPU 近似算法对树木个体进行聚类，根据目标成年树与邻域树之间的不同距离，将树木个体聚簇成不同分辨率的聚类节点来代表原始树木数据，从而减少树木的计算量，缩短线程空算的时间。

　　2) 成年树竞争两层分辨率聚类

　　本节采用与种子分布类似的算法，基于样地单元的聚类实现成年树竞争多分辨率树木聚类节点数据的组织。但与种子分布不同的是，在成年树竞争阶段，位于最大邻域半径外的树木对目标成年树不产生任何竞争影响，其对目标成年树的最终生长量影响可以忽略，因此在该阶段采用两层分辨率计算。本章定义由样地网格为叶子节点直接生产的聚类节点为高分辨率节点，在此基础上由多块样地形成的上层次节点为低分辨率节点。在图 4.39 中，左半部分黑色圆点代表树木，右半部分黑色圆点代表聚类节点。鉴于影响圈内的树木数量并不庞大，也为更好地保证仿真结果的精确度，对于目标成年树影响圈半径内的树木，统一使用高分辨率节点进行计算；对于影响圈半径外的树木，一律采用低分辨率节点进行计算。低分辨率节点所占样地单元数由成年树总量自适应计算得到。

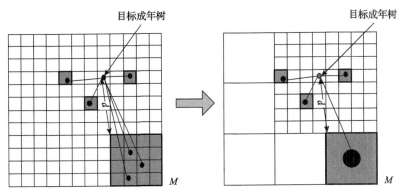

图 4.39　目标成年树两层分辨率聚类示意图

对于同一聚类节点内的树木，其到目标成年树的距离近似相等，因此将式 (4.18) 中 distance$_{ij}$ 近似等于 d，表示聚类节点到目标成年树的距离。相对于特定树种，参数 λ_i 为常数，因此同一聚类节点内的树木计算可以近似为

$$\text{NCI} = \frac{\lambda}{d^{\beta}} \sum_{k=1}^{m} \text{DBH}_k^{\alpha} \tag{4.19}$$

式中，m 为聚类节点内的树木总量。

由于在一个节点内 λ/d^{β} 是一定的，包含 m 棵成年树的聚类节点 NODE(p,q) 数据可由式 (4.20) 表示：

$$\text{NODE}(p,q) = \sum_{k=1}^{m} \text{DBH}_k^{\alpha} \tag{4.20}$$

式中，q 的取值范围只有 1 和 0，分别代表该节点为低分辨率层次和高分辨率层次；p 代表处于该层次的第 p 个节点。在计算目标成年树的 NCI 值时，可以按上述节点 NODE 值取代原来的 m 棵邻域树 DBH 值。对于聚类节点的坐标值，将其设为所包含 m 棵邻域树坐标的中心。

4. 成年树竞争多分辨率聚类实现

在成年树竞争子模型中，用到的多分辨率聚类节点数据存储主要包括两个层次：高分辨率层和低分辨率层。对于不同层次的聚类节点，与种子分布相似，将使用不同层次大小的数组进行表示，不同的是成年树竞争只需要两个数组即可，即高分辨率数组与低分辨率数组，数组中每个元素所存储的值就是式 (4.20) 的值。图 4.40 描述了高分辨率层与低分辨率层之间的数据关系。其中，高分辨率层的数据由样地网格直接聚类得到，低分辨率层的数据由 k 个高分辨率聚类节点组成，k 的值由成年树规模决定，成年树量越大，聚类层度越大，k 值也越大。图 4.40 显示的是单一树种的数据存储，对于具有 s 个树种的应用，只需将两个层次的树种等比例地扩大 s 倍，将新树种数据按相同算法添加至每个层次向量数组的尾部即可。

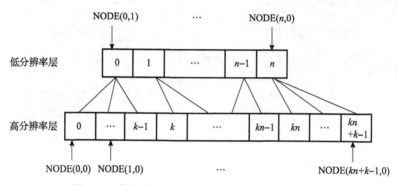

图 4.40　高分辨率层与低分辨率层之间的数据关系

5. 成年树竞争多分辨率 GPU 实现

1）多分辨率 GPU 内核设计

在聚类数据的基础上，对基于双层分辨率数据组织的 CUDA 算法进行描述。图 4.41 是改进后 CUDA 算法对应的 CUDA 内核线程分配设计图。图中实线圆圈代表影响圈，r 表示最大邻域半径。

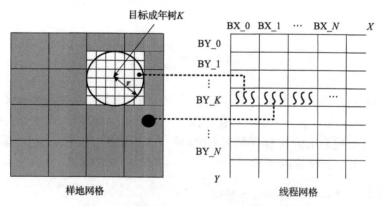

图 4.41　成年树竞争的改进 GPU 算法设计

Y 维度代表值为所要计算的目标成年树的索引，线程网格维度值 BY_K 对应目标成年树 K 的 NCI 计算。与单纯 GPU 算法线程划分不同的是，在改进 GPU 算法中所用的 X 维度基本数据是聚类节点而不是原始树木数据。邻域树聚类节点与目标树的距离不同，线程所计算的节点层也不同。影响圈内的单位线程计算的是高分辨率的聚类节点(白色区域)数据，影响圈外的单位线程计算的是低分辨率的聚类节点(灰色区域)数据。不同线程同样可以计算 t 个聚类节点，对于不同的聚类节点，同一线程所计算的聚类节点层次也不同。

假设样地网格单元总量为 n，单位样地内平均成年树数量为 1 棵，此时成年树总量也为 n。在单纯 GPU 算法和多分辨率 GPU 近似算法中，单位线程所计算的成年树或者聚类节点的数量都为 t。此时，单纯 GPU 算法在 X 维度线程规模为 n/t，Y 维度线程规模为 n，总线程规模为 $n \times n/t$。通过多分辨率聚类算法的改进，线程规模变为 $n \times m/t$，其中，m 为森林场景所计算的聚类节点数，该值远远小于原始成年树数量，可得多分辨率 GPU 近似算法线程规模的总减少量为 $k \times (k-m)/t$。在单纯 GPU 算法中，X、Y 维度的计算复杂度都为 $O(n)$，其时间复杂度为 $O(n^2)$，而多分辨率 GPU 近似算法计算中，在 X 维度上，由于只有两层聚类，其计算复杂度小于 $O(\log_2 n)$，整个算法的时间复杂度小于 $O(n \times \log_2 n)$。因此，多分辨率 GPU 近似算法对成年树的竞争在线程规模和时间复杂度方面都取得了很好的结果。

2) 算法步骤

步骤 1：初始化数据，将主机内存上的聚类节点数据及树木属性相关数据传至设备内存上，开辟块数量大小的共享内存。

步骤 2：获取线程所在块的 Y 维度 k=blockIdx.y(表示第 k 棵目标成年树)，获取线程在 X 维度上的值 cluster =blockIdx.x×blockDim.x+threadIdx.x(即低分辨率聚类层的索引)。

步骤 3：根据 cluster 和 k 获取相应聚类与目标成年树坐标等数据，判断该线程所计算节点 cluster 与目标成年树 k 的距离 d。比较 d 与目标成年树所属树种的最大邻域半径 r，判断该节点是否在目标成年树的邻域影响圈内。

步骤 4：如果是，则遍历该节点所包含最高分辨率叶子节点，获取最高分辨率数据，精确判断叶子节点是否在目标成年树的影响圈内：如果是，则根据模型计算其 NCI 值，将值累加到共享内存数组中；否则，不计算。

步骤 5：如果线程所对应节点超出影响圈，则该线程不做任何计算。

步骤 6：块内线程同步，利用树形规约加法将块内 nci_thread 数组中的元素累加，将计算结果写入全局存储器 nci_block 中。

3) 存储访问

合理的内存分配将减少访问内存带来的时间延迟，对于成年树竞争，多分辨率 GPU 近似算法同样重要。下面将从常量内存、全局内存、共享内存三个方面介绍针对成年树竞争模型存储访问的策略。

在成年树竞争模型中，常量内存也主要用于树种参数以及模型其他常量参数的存储。成年树竞争模型中每个常量参数都将被存储在不同的数组中，数组的大小都为树种的数量。其中，主要包括 d、C、α、β、λ 等模型中计算所需的常量。

　　在成年树竞争模型计算中，全局内存主要存储的值是聚类节点值、节点位置信息以及最终计算结果数组。聚类节点与节点位置在全局存储器中所开辟的大小是相等的，都为聚类节点在两个层次数据数组总的大小。

　　在成年树竞争模型中，共享内存的作用与种子分布类似，主要用于成年树竞争模型中间数据以及结果的存储，在全局内存中数据传入成年树竞争模型计算前，聚类节点的值以及坐标信息将先复制到共享内存中，用于数据访问的加速。另外，分配一个名为 nci_thread 的数组用于存储成年树竞争模型的中间结果，为减少不同线程的访存冲突，其大小为线程块大小 L。多分辨率聚类成年树竞争模型中每个线程块所需的共享内存大小为 $V \times L$，其中 V 为聚类节点信息的单位数据长度。

　　为存储最终计算竞争指数 NCI，在全局存储中分配名为 nci_block 的数组。在线程完成对目标成年树竞争指数的计算结果后，所有计算的 nci_thread 数组的中间值将通过并行归约加法求和，最终存至 nci_block 数组中。

　　6. 实验结果及分析

　　本节从时间效率和仿真准确率两个方面对成年树使用两层分辨率的改进GPU 算法进行评价。

　　1) 成年树竞争效率比较

　　表 4.9 是在不同大小的森林场景规模下成年树竞争单纯 CPU 算法和多分辨率GPU 近似算法的时间效率比较。表 4.10 是单纯 GPU 算法和多分辨率 GPU 近似算法的时间效率比较。

表 4.9　单纯 CPU 算法和多分辨率 GPU 近似算法的时间效率比较

样地规模/m²	成年树/棵	执行时间/ms		加速比
		单纯 CPU 算法	多分辨率 GPU 近似算法	
5×10^2	5×10^3	3000	72	41.7
10×10^2	10×10^2	71000	105	676.2
5×10^3	5×10^3	165000	119	1386.6
10×10^3	10×10^3	1064000	425	2503.5
5×10^4	5×10^4	26083000	8987	2902.3
10×10^4	10×10^4	107734000	20456	5266.6
5×10^5	5×10^5	2633825000	361372	7288.4
10×10^5	10×10^5	10828335000	1351282	8013.4

　　从表 4.9 中可知，伴随着森林场景规模的增大，本节所提多分辨率 GPU 近似算法相对于单纯 CPU 算法加速比呈线性增长，导致该结果的主要原因有两个：一是随着数据规模的增大，GPU 并行计算的能力得到充分体现，显存与主存之间的

表 4.10　单纯 GPU 算法和多分辨率 GPU 近似算法的时间效率比较

样地规模/m²	成年树/棵	执行时间/ms		加速比
		单纯 GPU 算法	多分辨率 GPU 近似算法	
5×10^2	5×10^3	71	72	1.01
10×10^2	10×10^2	102	105	1.03
5×10^3	5×10^3	124	119	1.04
10×10^3	10×10^3	499	425	1.17
5×10^4	5×10^4	10686	8987	1.19
10×10^4	10×10^4	43057	20456	2.10
5×10^5	5×10^5	1051593	361372	2.91
10×10^5	10×10^5	4287111	1351282	3.17

传输延迟被大量的计算操作掩盖；二是随着森林数据的增加，成年树竞争在多分辨率 GPU 近似算法中高分辨率聚类的数据增加，相对于未聚类的数据，其简化程度也相应增加，进而算法效率得到提高。从表 4.10 中可知，本节对成年树竞争所使用的多分辨率 GPU 近似算法相对于单纯 GPU 算法效率可提高 3 倍多，这对于高效的 GPU 算法是非常可观的。

2) 成年树竞争准确性比较

为验证使用多分辨率 GPU 近似算法所带来的误差，同样对初始森林场景数据为加拿大不列颠哥伦比亚省 SBS 地区的 52m×89m 大小的真实森林场景数据进行模拟。在图 4.42 中，SF_E、TA_E、IS_E、LP_E 分别代表毛果冷杉、美国山杨、

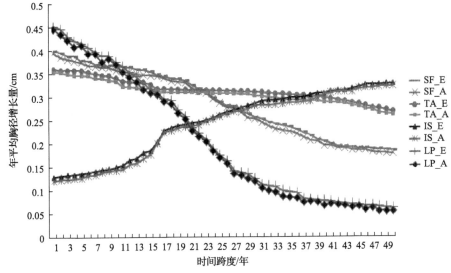

图 4.42　真实森林场景 50 年年平均胸径增长量结果比较

美国云杉和美国黑松使用改进前的 GPU 算法所得森林 50 年年平均胸径增长量；SF_A、TA_A、IS_A、LP_A 分别代表毛果冷杉、美国山杨、美国云杉和美国黑松使用改进 GPU 算法所得森林 50 年年平均胸径增长量。

从图中可直观地看出，使用改进 GPU 算法所计算成年树年平均胸径增长量相对改进前的 GPU 算法具有较小的误差，平均误差率为 1.39%。导致产生误差的主要原因在于，形成聚类节点时使用聚类内所有树木个体中心点代替原始坐标，在距离计算上产生了偏差。但相对于使用改进 GPU 算法带来效率的提高与线程规模的降低，这样的误差是可以接受的。

4.5　本章小结

本章着重开展了适用于大规模虚拟森林仿真生长模型计算的加速算法的研究。首先研究了具有普遍适用性的基于数据调度优化的虚拟森林场景生长模型快速计算算法；然后研究了利用森林场景的空间关联特征和相似性的生长计算加速算法，从而提高了森林场景的生长模型计算速度；最后引入 GPU 的并行计算能力对生长模型进行加速计算。实验结果表明，本章提出的生长模型计算加速算法能够有效减少虚拟森林场景生成所需要的时间消耗，加快了大规模森林场景仿真过程中生长计算的速度。

第 5 章　支持虚拟森林快速仿真的可视化技术

树木是虚拟森林场景中的主体，在进行大规模虚拟森林场景的构建时，树木数量众多，往往难以对其中的每棵树建立包含丰富细节的几何模型，这也会影响虚拟森林仿真的真实感。本章着重研究如何高效且实时地简化树木模型复杂的表面细节，构造轻量级的三维模型，以提高模型的绘制效率，同时保持树木的视觉感知特性。本章主要从基于树叶简化的多分辨率树木模型建立算法、几何与图像混合的三维树木模型轻量化算法和大规模森林场景的快速漫游算法三个方面讨论支持虚拟森林快速仿真的可视化技术。

5.1　基于树叶简化的多分辨率树木模型建立算法

为了在保持视觉感知的基础上减少三维树木模型的数据量，本节提出一种保持视觉感知的三维树木叶片模型分治简化算法。该算法综合考虑了树叶纹理颜色的相似性和几何误差进行相似树叶的选择与合并，并根据树木的树枝拓扑结构或树叶空间区域分布来划分树叶简化区域，在此基础上采用分治策略来加速树叶的合并过程，从而实现保持视觉感知的三维树木模型的简化。本节还将该算法应用到森林场景的可视化中，结果表明该算法能有效减少森林场景的几何数据量，降低场景的复杂度，保证森林场景的绘制效率和实时漫游速度。

5.1.1　三维树木叶片模型简化中的分治策略

对于一个规模为 n 的问题，若该问题可以被容易地解决，则直接解决，否则，将其分解为 k 个规模较小的子问题，这些子问题互相独立且与原问题形式相同，递归地解这些子问题，然后将各子问题的解合并得到原问题的解，这种求解策略称为分治策略。由于具有较高逼真度的树木、花卉等虚拟植物模型包含大量的面片和纹理数据，直接对整个树木模型的信息进行简化计算十分耗时。此外，树木、花卉等虚拟植物模型都具有丰富的外观形态和复杂的几何造型，难以用统一的建模算法和绘制手段进行表达，而且不同的建模算法建立的三维树木模型不一定具有完备的植物器官层次关系信息。因此，在三维树木叶片模型的简化过程中，按照树木的树枝拓扑结构或树叶的空间区域分布来划分树叶简化区域，实现基于分治策略的树叶快速合并；在此基础上，结合视点因素以保证三维树木模型简化后的视觉感知效果。

1. 基于三维树木模型拓扑结构的分治策略

根据植物学知识，树木虽然结构多样、形态各异，但通常具有一定的形态结构且树木都依据自身的拓扑结构生长和组织。例如，树木通常拥有一个主干，在主干之上又生长出树枝，树枝之上还衍生出细小的枝条；而树叶通过叶脉与树枝相连。另外，同一树枝上的树叶相比于其他树叶在空间位置上更紧凑，且相互之间常常出现重叠、遮挡现象。

例如，图 5.1(a)所示的树木模型包含 6 个树枝，每片树叶都生长在某一特定的树枝上，同一树枝上的树叶在空间位置上相对密集且相互重叠。在选取树叶对进行树叶合并的过程中，生长在同一树枝上的两片树叶应优先被选取用于树叶合并。因此，根据树木模型自身的树枝拓扑结构，将整棵树的所有树叶按其所生长的具体树枝划分为不同的树叶聚簇。对图 5.1(a)中的树木模型按其 6 个树枝结构将所有树叶分成 6 个树叶聚簇，即图 5.1(b)中用线框标出的 6 个部分。

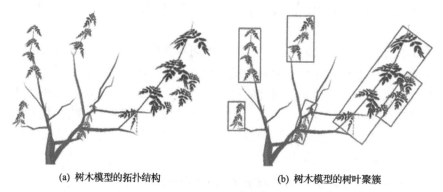

(a) 树木模型的拓扑结构　　　　　　　　　　(b) 树木模型的树叶聚簇

图 5.1　划分树叶聚簇

在树叶合并过程中，每个树叶聚簇独立地进行合并操作。对于图 5.1(b)划分的 6 个树叶聚簇，分别遍历每个聚簇内的树叶，选取其中用于合并的树叶对，如图 5.2(a)中用线框标出的 6 个树叶对。在经过一次树叶合并之后，图 5.2(a)中的 6 个树叶对合并生成 6 片新叶，即图 5.2(b)中用线框标出的 6 片树叶。

因此，树叶聚簇的划分使得每个聚簇可独立地进行树叶简化，缩小树叶简化的遍历范围，减少了判断可能合并的树叶对的计算时间，从而提高了树叶信息的简化效率。

2. 基于三维树木模型空间区域划分的分治策略

虽然树木、花卉等植物模型普遍具有一定的拓扑结构和构造规则，但是仍存在一些树木模型会缺失拓扑信息或没有具体的层次结构。在这种情况下，算法无法利用树木的拓扑结构对树冠进行树叶聚簇的划分。为提高这类树木模型的树

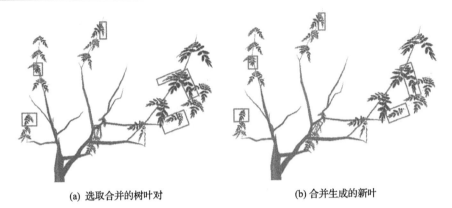

(a) 选取合并的树叶对　　　　　　　　　　　(b) 合并生成的新叶

图 5.2　树叶聚簇合并

叶简化效率,基于三维树木模型空间区域划分的分治策略利用 AABB(axis-aligned bounding box, 轴对齐矩形边界框)包围盒技术为三维树木模型创建覆盖所有树叶的一系列树叶单元格,使得每个单元格的树叶都能独立地进行树叶简化。

　　例如,通过创建一系列 AABB 树叶单元格可以细分图 5.3(a)所示的榛树树冠。在三维树木模型的空间区域划分过程中,基于三维树木模型空间区域划分的分治策略以树叶单元格内的叶片数量为树冠空间区域划分的标准。首先,计算榛树模型的树冠包围盒。随后递归细分树冠包围盒,计算每次细分后树叶包围盒所包含的叶片数量:若该包围盒中的叶片数量不多于阈值 Ω,则停止细分;否则,继续细分包围盒,最终建立一棵 AABB 树,如图 5.3(b)所示。判断一片树叶是否属于某一单元格的标准是该树叶的中心是否位于该单元格内,基于三维树木模型空间区域划分的分治策略以表示这片树叶顶点的重心来定义一片树叶的中心。单元

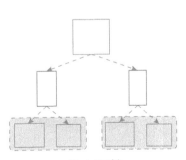

(a) 创建AABB　　　　　　　　　　　(b) AABB树

图 5.3　树叶包围盒单元格的创建过程

格的大小和形状依赖其所包含的树叶的空间分布。图 5.3(a)中的榛树模型包含8055 片树叶,其树叶单元格的树叶阈值 Ω 为 2013,深度为 2。图 5.3(b)中以虚线圆角矩形围成的 4 个单元格就是最终生成的树叶单元格。

为平衡树叶简化的时间和视觉感知效果,经过多次实验结果的测试和对比,将树叶单元格的阈值 Ω 设为 50(其中,阈值 Ω 为单元格内的叶片数量,单位为片)。若阈值 Ω 过大,则简化时间很长;若阈值 Ω 过小,则简化效果不够理想。

5.1.2　基于视觉感知的树叶简化排序策略

为保持树叶简化的视觉感知效果,本节在提高树叶简化效率的同时也考虑到虚拟场景的视点动态性。在实际绘制和场景漫游过程中,由于视点的动态性,视点与三维树木模型的距离和视线的方向都在实时变化。然而在虚拟场景的漫游过程中,不管视点如何变化,对于绝大多数观察树木的视点,其可能存在的位置为环绕三维树木模型一周的球体的水平切面上方,如图 5.4(a)中的圆点所示,树木背面的视点位置与正面对称。虽然虚拟场景的视点存在图 5.4(a)中的多种可能位置,但树木枝叶繁茂,枝叶间大多相互遮挡,因此不管从哪个视点位置和视线方向观察,树冠表面的树叶都距离视点较近,而且大多数会被视点观察到,可作为视觉敏感区域;而树冠中心区域的树叶距离视点较远,并容易被其他枝叶遮挡,常常会被人类视觉忽视。考虑到虚拟场景的动态视点和树木的姿态旋转等,基于视觉感知的树叶简化排序策略在简化过程中对树叶简化区域划分视觉层次,率先简化靠近树冠中心处的树叶。

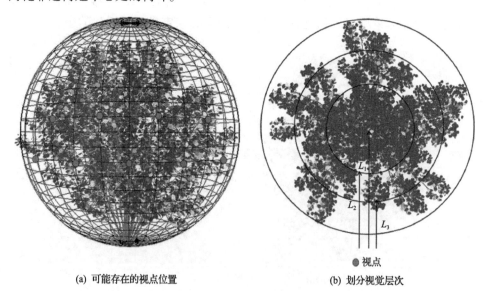

(a) 可能存在的视点位置　　　　　　　　(b) 划分视觉层次

图 5.4　基于视点的树冠视觉层次划分

基于视点的动态性和分治策略，为树冠划分视觉层次并对树叶简化区域内的叶片进行排序。对于图 5.4(a)所示的榛树模型，首先，以树冠中心 O 为圆心，树冠半径 R 为半径，生成一个树冠包围球。其次，根据树叶距离视点的远近来划分视觉层次，生成如图 5.4(b)所示的同心球体。图 5.4(b)中的同心球体以树冠中心 O 为圆心、以距离树冠中心由近到远的顺序依次为榛树模型划分 3 个视觉层次 L_1、L_2、L_3。树冠的视觉层次由式(5.1)确定：

$$R_i = \sum_{n=1}^{i} \frac{L-n+1}{\sum_{k=1}^{L} k} \times R , \quad i = 1, 2, \cdots, L \tag{5.1}$$

式中，L 为划分的视觉层次的总数；R 为树冠半径；R_i 为第 i 层包围球的半径。

随后，确定每个树叶简化区域中叶片所属的视觉层次，并按其所属的视觉层次确定树叶的简化次序：①确定树叶简化区域内每片树叶的视觉层次 L_i；②在树叶简化过程中，每个树叶简化区域内属于 L_1 层的树叶首先用于树叶合并，然后进行 $L_2, L_3, \cdots, L_n$ 层的树叶合并。最后，当合并后的树叶数量满足用户设定的数量时，停止树叶合并。

5.1.3　保持视觉感知的树叶相似性的计算

采用分治策略是通过对相似树叶对的选取和视觉层次的划分，来保证树叶简化后的视觉感知效果。所实现的树叶简化算法最终要挑选出相似的树叶对，合并生成一片新叶，以达到减少模型数据量的目的。相似树叶对的选取直接影响到合并后新叶的外观形态及与原始树叶的相似程度，也就决定了简化模型的整体视觉感知效果。因此，需要确定有效的相似性因素使得挑选的树叶对在视觉效果上尽可能相似。为了更好地保持简化后三维树木模型的视觉感知效果，下面从树叶的几何形状和纹理两个方面进行树叶相似性的综合评价。

1. 树叶几何形状相似性

为了更加合理地挑选用于合并的树叶对，并使合并后的新叶尽可能保持原始树叶的视觉感知效果，在相似树叶对挑选算法[155,156]的基础上，经过实验对比、测试，从以下几个方面进行树叶相似性的计算。

(1)位置($\mathrm{dis}(l_1, l_2)$)相似性：两片树叶间的 Hausdorff 距离与树冠直径的比，即构成两片树叶的点集的相似性[155,156]。两片树叶间的 Hausdorff 距离越短，表示两片树叶在空间位置上越相似、距离越近，甚至相互重叠。

(2)平整度($\mathrm{coplan}(l_1, l_2)$)相似性：两片树叶的四边形面片的共面性，以四边形面片法向量之间的夹角来定义两片树叶间的平整度相似性[155]。

(3) 中心（$\text{mid}(l_1, l_2)$）相似性：$\text{mid}(l_1, l_2) = \dfrac{|d(l_1) - d(l_2)|}{d(l_1) + d(l_2)}$，其中，$d(l_1)$、$d(l_2)$ 分别为树叶 l_1、l_2 到树冠中心的距离。树叶之间通常存在遮挡、重叠的现象，而被遮挡的树叶无须绘制出来。距离树冠中心越近的树叶越容易被树冠外围的树叶遮挡，所以这些树叶应该首先被合并消除。

(4) 面积（$\text{area}(l_1, l_2)$）相似性：$\text{area}(l_1, l_2) = \dfrac{|a(l_1) - a(l_2)|}{a(l_1) + a(l_2)}$，其中，$a(l_1)$、$a(l_2)$ 分别为树叶 l_1、l_2 几何面片的面积[156]。为保证合并后的树叶与原始树叶对具有面积相似性，本节选择 $\text{area}(l_1, l_2)$ 最小的树叶对用于树叶合并。

(5) 合并年龄（$\text{age}(l_1, l_2)$）相似性：$\text{age}(l_1, l_2) = \dfrac{|g(l_1) - g(l_2)|}{g(l_1) + g(l_2)}$，其中，$g(l)$ 为树叶的合并年龄[156]。树叶的合并年龄是指现有的树叶是经过几次树叶合并操作得到的，算法记录每片树叶的合并年龄，初始值为 0；简化算法中每对树叶进行一次合并操作，就将生成的新叶的合并年龄加 1。

误差函数公式就是这些相似性因素的加权和：

$$\begin{aligned} \varepsilon(l_1, l_2) = {} & k_1 \times \text{dis}(l_1, l_2) + k_2 \times \text{coplan}(l_1, l_2) + k_3 \times \text{mid}(l_1, l_2) \\ & + k_4 \times \text{area}(l_1, l_2) + k_5 \times \text{age}(l_1, l_2) \end{aligned} \tag{5.2}$$

式中，每个相似性因素都为 $(0,1)$，且 $k_1 + k_2 + k_3 + k_4 + k_5 = 1$。

2. 树叶纹理相似性

一棵树木通常包含成千上万片树叶，由于这些树叶对光照、空气、水分等生长因素的竞争能力不同，往往呈现出不同的生长状态，从而具有不一样的外观特征。在同一棵树木中，有些树叶是鲜嫩的叶芽，有些是成熟的绿叶，有些却是干枯发黄的落叶等。图 5.5(a)、(b)、(c) 所示的三片枫叶虽然外形相同，但具有不同的树叶纹理，从左到右依次体现出嫩叶(绿色)、成熟(红色)、枯黄三种不同生长情况。

(a) 嫩叶　　　　　　　(b) 成熟　　　　　　　(c) 枯黄

图 5.5　枫叶的生长情况

　　显然，具有同种纹理的树叶在视觉感知上具有更高的相似性。因此，树叶纹理也是树叶对之间相似性的判断标准之一。在树叶几何形状相似性的基础上加入树叶纹理信息，具有相同或相似纹理的树叶对优先进行树叶合并，保证了简化后树叶与原始树叶在视觉感知上的纹理相似性。

　　树叶的纹理（texture(l_1, l_2)）相似性：两片树叶的纹理图像间的差异。通过对比两幅纹理图像中每个像素的R、G、B值，可由式(5.3)计算两幅纹理图像的差距：

$$T = \frac{1}{n} \sum_{i=1}^{n} \sqrt{(R_i - R_i')^2 + (G_i - G_i')^2 + (B_i - B_i')^2} \tag{5.3}$$

式中，R_i、G_i、B_i为树叶纹理l_1中像素的R、G、B值；R_i'、G_i'、B_i'为树叶纹理l_2中像素的R、G、B值；n为纹理图像的像素总数。

　　因此，texture(l_1, l_2)越小，树叶纹理越相似。

3. 树叶相似性的综合评价

　　计算误差函数公式$\varepsilon(l_1, l_2)$和树叶纹理公式 texture(l_1, l_2)的加权和：

$$e = n_1 \times \text{texture}(l_1, l_2) + n_2 \times \varepsilon(l_1, l_2) \tag{5.4}$$

选取e最小的树叶对用于树叶合并，保证简化树叶与原始树叶的相似性。考虑到树叶纹理的相似性在视觉感知中的影响要大于几何形状的相似性，这里n_1、n_2分别为0.7、0.3。

　　以图 5.6 所示的枫叶模型为例，说明树叶相似性的综合评价及相似树叶对的合并过程，图 5.6(a)中的枫叶模型分别包含图 5.5 所示的嫩叶、成熟、枯黄三种

(a) 综合评价相似树叶　　　　　　　　　　(b) 合并相似树叶对

图 5.6　相似树叶对的综合评价及合并

不同情况的树叶纹理。

　　首先，根据枫叶模型的三种树叶纹理，在预处理阶段分别生成如图 5.7 所示的三种树叶纹理。其中，图 5.7(a)的树叶纹理为图 5.5 中绿色、红色树叶纹理融合生成的，图 5.7(b)的树叶纹理为图 5.5 中绿色、枯黄树叶纹理融合生成的，图 5.7(c)的树叶纹理为图 5.5 中红色、枯黄树叶纹理融合生成的。

(a) 绿+红　　　　　　　　(b) 绿+黄　　　　　　　　(c) 红+黄

图 5.7　预生成的树叶纹理

　　其次，在挑选相似树叶对时，根据误差函数公式 $\varepsilon(l_1, l_2)$ 进行计算，图 5.6(a) 中用黑色实线围成的(绿色，红色)树叶对具有最小的误差函数值 0.612，而(红色，枯黄)树叶对的 $\varepsilon(l_1, l_2)$ 值为 0.678。然而考虑到树叶的纹理相似性，利用式(5.3) 计算得出图 5.6(a)中(绿色，红色)树叶对的 $\text{texture}(l_1, l_2)$ 值为 0.252，而(红色，枯黄)树叶对的 $\text{texture}(l_1, l_2)$ 值为 0.209。因此，由式(5.4)计算可知，图 5.6(a)中的(红色，枯黄)树叶对满足了误差函数值较小且具有更相似的树叶纹理这一特点，更符合合并的条件。最后，在进行(红色，枯黄)树叶对合并时，用上述红色、枯黄树叶纹理融合生成的图 5.7(c)中的树叶纹理作为合并新叶的纹理，如图 5.6(b)中的新叶。

5.1.4　应用分析

　　为了验证保持视觉感知的三维树木叶片模型分治简化算法的有效性，本节采用 VC++和 OpenGL 实现了三维树木叶片模型简化系统。该系统利用人眼辨识物体的能力随着物体尺寸的减小而减弱的特性，通过逐次简化三维树木模型的表面细节来降低模型的几何复杂性，从而提高绘制算法的效率。最终在绘制复杂的森林场景时，算法采用不同分辨率的模型来显示复杂森林场景中的不同三维树木模型，使得生成的森林场景在视觉感知效果损失很小的情况下，满足实时性和真实性的要求。基于树木拓扑结构及树叶空间区域分布的树叶简化过程如图 5.8 所示，主要步骤如下。

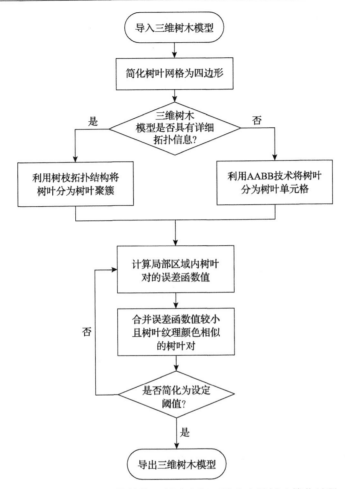

图 5.8　基于树木拓扑结构及树叶空间区域分布的树叶简化过程

步骤 1：导入三维树木模型。

步骤 2：将复杂的树叶网格模型简化为一个四边形面片。

步骤 3：利用树木的树枝拓扑结构或树叶空间区域分布划分树叶简化区域。

步骤 3.1：若三维树木模型自身具有详细的拓扑结构，则将原始三维树木模型中的所有树叶按其所生长的树枝拓扑结构分为不同的树叶聚簇，每个树叶聚簇独立进行树叶合并。

步骤 3.2：若三维树木模型的拓扑信息缺失或无具体的树枝拓扑结构，则将原始三维树木模型中的所有树叶利用 AABB 技术分为不同的树叶单元格，每个单元格独立进行树叶合并。

步骤 4：在建立的每个树叶聚簇或单元格内，根据误差函数公式计算每对树叶两两之间的误差函数值并记录。

步骤 5：遍历每个树叶聚簇或单元格内所有树叶对的误差函数值及树叶的纹理颜色信息，查询每个独立的聚簇或单元格内误差函数值较小、纹理颜色相似的一个树叶对，将其用于树叶合并。

步骤 6：合并步骤 5 中挑选出的树叶对。如图 5.9 所示，首先获取表示两片四边形树叶的 8 个顶点，然后从中选取 4 个顶点用于表示生成的新叶。

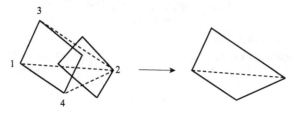

图 5.9　树叶合并过程

在以下配置的计算机上进行三维树木叶片模型的简化，以及三维森林场景的实时可视化：Microsoft Windows 7 操作系统，CPU 为 Intel（R）Core（TM）i3@ 3.20GHz，2048MB（DDR2 SDRAM）内存，ATI Radeon HD 4550 显卡。

选取榛树、欧洲梧桐树、枸杞树、比利牛斯山栎树这 4 种树木模型进行树叶简化实验，其中，榛树、欧洲梧桐树、枸杞树、比利牛斯山栎树的原始模型中树叶三角形面片数分别为 16110、21086、25250、74580，阈值 Ω 为 50。图 5.10～图 5.13 分别给出了 4 种三维树木模型的简化结果，其中榛树模型从左至右分别包含了 16110 个、12014 个、9354 个、5906 个三角形面片；欧洲梧桐树模型从左至

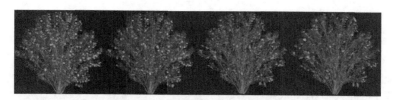

图 5.10　榛树模型的简化结果

图 5.11　欧洲梧桐树模型的简化结果

图 5.12　枸杞树模型的简化结果

图 5.13　比利牛斯山栎树模型的简化结果

右分别包含了 21086 个、15740 个、12214 个、7452 个三角形面片；枸杞树模型从
左至右分别包含了 25250 个、19922 个、14680 个、9996 个三角形面片；比利牛斯山
栎树模型从左至右分别包含了 74580 个、56938 个、39728 个、29748 个三角形面片。

　　在进行树叶合并过程中同时考虑了树叶的纹理颜色信息，相同纹理颜色的树
叶优先进行树叶合并，以保证简化模型与原始模型的颜色相似性。以阿尔卑斯金
莲花模型为例，该模型包含绿色 (0.545,0.565,0.224)、红色 (0.878,0.251,0.058) 这两
种树叶纹理颜色，在树叶简化过程中，对该模型两种不同颜色的树叶纹理进行了
分开简化。图 5.14 为未区分阿尔卑斯金莲花模型的树叶纹理颜色而直接进行树叶
简化的结果，而图 5.15 为区分阿尔卑斯金莲花模型的树叶纹理颜色进行树叶简化
的结果。对比图 5.14 和图 5.15 的简化结果可知，在树叶简化过程中考虑树叶纹理
颜色的简化效果更好，简化模型更好地保持了原始模型的颜色相似性。

　　HUO 算法和本节所提算法的树叶简化时间分别如表 5.1 和表 5.2 所示[156]。
表 5.1 给出了采用 HUO 算法测量的冬青 1、冬青 2、白杨、山楂树这 4 种树木模

图 5.14　阿尔卑斯金莲花模型未区分纹理颜色的简化结果

图 5.15　阿尔卑斯金莲花模型区分纹理颜色的简化结果

表 5.1　HUO 算法的树叶简化时间

参数名称	树种			
	冬青 1	冬青 2	白杨	山楂树
原始模型四边形数量/个	30350	35800	33275	129489
简化模型四边形数量/个	12140	2911	6050	24107
简化时间/s	484	1515.9	7.5	8059

表 5.2　本节所提算法的树叶简化时间

参数名称	树种			
	冬青 1	冬青 2	白杨	银色冷杉
原始模型四边形数量/个	30350	35800	33275	61052
简化模型四边形数量/个	11451	2887	5906	12013
简化时间/s	3.776	6.521	5.226	9.469

型的简化时间。在树叶简化过程中，根据冬青 1、冬青 2 模型的拓扑结构，将其树叶划分为不同的树叶聚簇，并利用 AABB 技术为白杨、银色冷杉模型创建了一系列树叶单元格(阈值 Ω 为 50)，简化时间如表 5.2 所示。对比表 5.1、表 5.2 可以看出，采用树木的树枝拓扑结构或树叶的空间区域分布来划分树叶简化区域的分治简化算法，有效缩短了简化时间，提高了树叶简化的效率。

　　本章提出的树叶简化算法有效减少了表示树木模型的多边形网格数量，生成了一系列不同层次细节的多分辨率树木模型。简化后的树木模型具有较少的几何数量，可以提高树木模型的实时绘制效率。以比利牛斯山栎树模型为例，图 5.16 对比了拥有不同网格数量的比利牛斯山栎树模型的树叶绘制时间。其中，比利牛斯山栎树的原始模型、简化模型 1、简化模型 2 分别包含 74580 个、17024 个、4338 个三角形面片。随着树木数量的增加，树叶绘制时间也随之增加；简化程度越大，树叶绘制时间越短。

　　最终，将欧洲梧桐树、枸杞树、比利牛斯山栎树这 3 种树种生成的多分辨率

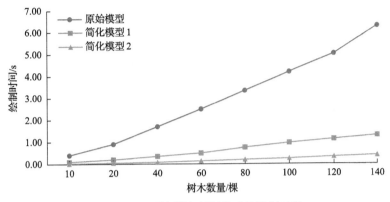

图 5.16　比利牛斯山栎树模型的绘制时间

模型应用到森林场景的绘制中，并进行实时漫游，如图 5.17 所示。该场景包含 9 棵树木模型，共1088244 个三角形面片，森林场景的绘制帧速为 5 帧/s。该算法可以根据视点到模型的距离动态选取不同层次细节的多分辨率模型，从而提高了场景的漫游速度。同时，结合光照、纹理等成熟的真实感图形绘制手段，进一步增强了场景的逼真效果。

图 5.17　多分辨率树木模型的森林场景

5.2　几何与图像混合的三维树木模型轻量化算法

虚拟场景存在视点动态性，导致树木的视觉感知重要度存在可变性。通常直接根据虚拟场景的动态视点进行树木模型的重构是一个耗时的过程，利用树木视觉感知重要度的变化，为快速动态重组三维树木模型提供了一种可行的解决算法。

因此，本节提出一种基于视觉感知的三维树木模型混合轻量化表达算法，以改进森林场景中视点处三维树木模型的可视化效果。该算法能够根据虚拟场景的动态视点自动确定基于视觉感知的三维树木模型表达信息的提取路径，完成三维树木模型信息的即时重组。

5.2.1　基于视觉感知的三维树木混合轻量化表达模型构建

虽然基于 LOD 模型思想的三维树木模型几何表示和简化技术能有效减少模型的表面细节，并生成多分辨率层次细节模型，但是在绘制大规模复杂森林场景时，基于几何的多分辨率三维树木模型仍包含数量庞大的面片信息，无法满足场景漫游的实时性要求，而基于图像的渲染算法却能很好地解决这一问题。基于图像的渲染算法能以极少的多边形构造和绘制高度复杂的自然场景，与场景的几何复杂度无关，但其近距离观察效果不够理想，缺乏真实感。因此，为保证复杂森林场景的真实感效果，同时满足实时性要求，本节将视觉感知特性引入视觉注意模型，采用几何与图像混合的三维树木模型轻量化算法构建基于视觉感知的三维树木模型混合轻量化表达模型。

1. 三维树木模型的混合表达算法

基于视觉感知特性，利用几何与图像混合的轻量化表达方式构建三维树木模型，以实现树木模型的即时简化，达到压缩模型数据、降低场景复杂度的目的。由于三维树木模型的树干、树冠具有不同的组织结构、纹理颜色、材质属性，将三维树木模型分为树干、树冠两个部分，分别对这两个部分进行模型简化和重构。三维树木模型的混合表达体系如图 5.18 所示。

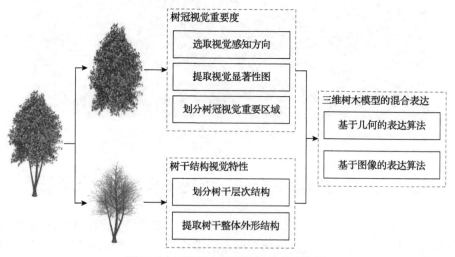

图 5.18　三维树木模型的混合表达体系

　　针对树干部分，主要根据三维树木模型特有的拓扑结构语义划分树干模型的层次结构，树木的拓扑结构包括主干、主枝、分枝、枝条等，含有由简到繁的不同层次细节。为简化模型的表示，用三维网格表示树干轮廓，仅保留树干整体的外形结构，对树干模型中的分枝、枝条等细节层次用纹理图像来表示。而对于树冠部分,本节根据原始三维树木模型的空间结构选择若干个典型的视觉感知方向，形成用于视觉感知判断的原始图像序列；依次对每个视觉感知方向的三维树木原始图像进行视觉显著性提取，将树冠分为视觉重要区域及非视觉重要区域，用三维网格表示树冠的视觉重要区域，用纹理图像表示树冠的非视觉重要区域，从而形成三维树木模型的混合表达算法，既保持了三维树木模型的视觉感知重要性评价，又满足了三维树木模型表达的完整性要求。

　　2. 树冠视觉重要区域的划分

　　由于树冠包含大量的网格面片和纹理信息，对树冠模型进行统一裁剪计算既十分耗时，也不符合人类处理信息时的视觉注意过程。因此，本章在树冠裁剪计算过程中引入视觉注意模型，以实现非均匀的树冠裁剪算法。

　　树冠视觉重要区域的划分与视觉感知方向有关，从不同的视觉感知方向观察到的树木结构特征和树叶空间分布均有所不同。因此，为保证三维树木模型在各视觉感知方向的逼真度和漫游的实时性，根据三维树木模型的空间结构选择环绕模型一周的 16 个典型的视觉感知方向，如图 5.19 所示，生成每个视觉感知方向所对应的原始树木模型图像，并依次对每个原始树木模型图像进行视觉显著性提取。

图 5.19　视觉感知方向

在树冠视觉重要区域的划分过程中,首先基于Itti 视觉注意模型在充分考虑纹理特征与视觉感知关系的基础上,生成原始图像的视觉显著性图。例如,利用 Itti视觉注意模型对图 5.20(a)中的原始甜栗模型图像进行视觉显著性提取,包括以下两个步骤[157-159]。

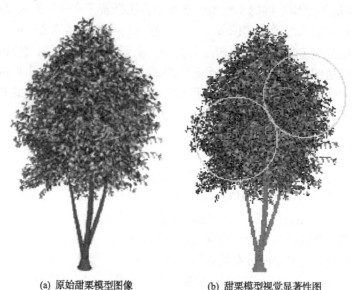

(a) 原始甜栗模型图像　　　　　　　(b) 甜栗模型视觉显著性图

图 5.20　提取视觉显著性图

(1)特征提取。首先,建立原始甜栗模型图像的 9 层(尺度 0～8)高斯金字塔[157]。其中,第 0 层是原始甜栗模型图像,第 1～8 层分别是用 5×5 的高斯滤波器对原始甜栗模型图像进行滤波和采样得到的。下一层图像相对于上一层图像依次在长度和宽度上缩减 1/2,大小分别为原始甜栗模型图像的 1/2～1/256。然后,对高斯金字塔每一层图像分别提取特征:亮度、颜色、方向,形成特征金字塔。

设 r、g、b 为原始图像的红色、绿色、蓝色通道,则亮度特征可以由式(5.5)进行计算:

$$I = \frac{r + g + b}{3} \tag{5.5}$$

在人类视觉皮层中存在四种拮抗颜色对,分别是红-绿、绿-红、蓝-黄、黄-蓝。数字图像一般只有红、绿、蓝 3 个颜色通道,因此根据归一化后的 r、g、b,使用式(5.6)～式(5.9)计算广义上的红、绿、蓝、黄 4 个通道:

$$R = r - \frac{g + b}{2} \tag{5.6}$$

$$G = g - \frac{b+r}{2} \tag{5.7}$$

$$B = b - \frac{r+g}{2} \tag{5.8}$$

$$Y = r + g - 2\left(|r-g| + b\right) \tag{5.9}$$

接着，利用这 4 个通道计算红-绿、蓝-黄颜色对。红-绿与绿-红颜色对可以表示为

$$RG = |R - G| \tag{5.10}$$

蓝-黄与黄-蓝颜色对可以表示为

$$BY = |B - Y| \tag{5.11}$$

于是得到两幅颜色特征图。

随后，利用由高斯核函数与一个余弦函数调制得到的二维 Gabor 滤波器提取方向特征，该滤波器可以表示为

$$g(x,y,\lambda,\theta,\psi,\sigma,\gamma) = \exp\left(-\frac{x'^2 + \gamma^2 y'^2}{2\sigma^2}\right)\cos\left(\frac{2\pi x'}{\lambda} + \psi\right) \tag{5.12}$$

式中，$x' = x\cos\theta + y\sin\theta$；$y' = -x\sin\theta + y\cos\theta$；$\lambda$ 表示余弦函数的波长；θ 表示 Gabor 滤波器的方向；ψ 表示相位；γ 表示空间长宽比；σ 表示高斯包络的标准差。参数 λ、ψ、γ、σ 分别取为 7、0、1、2.333，而方向 θ 为前面的 16 个视觉感知方向。

最后，为了模拟感受野的中心-外周拮抗的结构，对不同尺度图像分别在特征金字塔做差，得到中心-外周的特征对比。

(2) 视觉显著性图生成。将得到的原始甜栗模型图像的特征图归一化到区间 [0,1]，以消除与特征相关的幅度差别[157]。为了让少数几个最显著的点均匀分布在整个特征图上，使得每个特征图只保留少数的几个显著点，需要进行优化迭代（记归一化和迭代过程为 $N(\cdot)$），从而得到对应于每一类特征的视觉显著性图，取均值后得到对应于原始甜栗模型图像的视觉显著性图为

$$S = \frac{N(\bar{I}) + N(\bar{C}) + N(\bar{O})}{3} \tag{5.13}$$

式中，$\bar{I}$、$\bar{C}$ 和 $\bar{O}$ 分别为归一化后的亮度、颜色和方向特征。

根据上述操作，得到如图 5.20(b) 所示的甜栗模型视觉显著性图，2 个圆圈包围的区域就是甜栗模型树冠的视觉重要区域。

此外，该算法将根据视觉显著性图与原始树木模型的对应关系，在原始树木模型中建立与视觉显著性图对应的树冠视觉重要区域，并确定各个视觉重要区域包含的几何叶片集。这些组成树冠视觉重要区域的叶片称为视觉重要树叶，而不在树冠视觉重要区域内的叶片称为非视觉重要树叶。

根据树冠视觉重要区域的划分，采用非均匀的树叶简化算法对树冠进行几何简化：为保持树木模型的视觉感知特征，较多地保留视觉关注度高的视觉重要树叶，对其进行树叶几何裁剪；而用纹理图像表示非视觉重要树叶，以大幅度减少非视觉重要树叶的几何数据量，降低树冠模型的复杂度。

3. 考虑树木结构视觉感知特征的几何与纹理混合表达算法

基于图像的渲染算法也是一种广泛应用于森林场景绘制的方法之一。相比于基于几何的绘制算法，该算法简化程度高，模型的复杂度仅与采样图像的数量相关，而与原始树木模型的复杂度无关。但是，由于图像分辨率的限制，当近距离观察时，模型会显得不够精细。基于图像的森林场景模拟难以应对光照情况的动态变化，也无法生成森林场景的动态效果。因此，本节在树木模型简化过程中使用基于几何和图像的混合表达算法，以达到模型简化和视觉质量上的平衡。

树木虽然品种繁多、形态各异，但通常具有一定的层次结构和拓扑形态。例如，树木通常拥有一个树干，在树干之上又生长出较粗的主枝，主枝之上还衍生出细小的分枝、枝条等；而树叶则通过叶脉与树枝相连。另外，同一树枝上的枝条、树叶相比于其他枝条、树叶在空间位置上更加紧凑，且相互之间会有重叠、遮挡的现象。甜栗模型树干层次结构如图 5.21 所示，图 5.21(a)～(e) 依次体现了树干由简到繁、从主干到枝条的构造层次。从甜栗模型树木层次结构可以看出，树木的整体结构和轮廓主要由主干和较粗的主枝表示，而较细小的分枝、枝条和树叶都生长于某一固定的树枝上，而且同一树枝上的枝条、树叶在空间区域上相对密集且相互重叠。

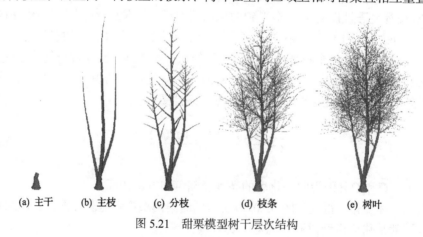

(a) 主干　　(b) 主枝　　(c) 分枝　　(d) 枝条　　(e) 树叶

图 5.21　甜栗模型树干层次结构

从图 5.20(a)的原始甜栗模型图像可以看出，大部分的树枝、枝条都被浓密的树叶遮挡，在视觉上也通常被忽略。因此，为进一步压缩树木模型的数据量，提高树木的绘制效率，需要用基于树木模型的层次结构对树干结构进行简化，剔除树木模型中的分枝、枝条部分，仅保留树木模型的整体轮廓，即主干和主枝。

基于上述分析，用三维几何表示树木模型的整体结构，即主干、主枝，利用树叶几何裁剪算法对树冠的视觉重要树叶进行裁剪简化，以提高绘制效率，而采用纹理图像来表示不处于人类视觉关注区域内的树干的分枝、枝条和树冠的非视觉重要树叶等。根据树木的层次拓扑结构，本节对树干的分枝、树冠的非视觉重要树叶等按其所生长的主枝划分为不同的聚簇，聚簇划分的基本过程如下。

首先，确定树木模型包含的每根主枝，并计算主枝的几何中心。

其次，分别计算每片树叶的几何中心与所有主枝几何中心之间的距离，即

$$\mathrm{centerdis}(l, b_m) = \sqrt{(l_1 - b_1)^2 + (l_2 - b_2)^2 + (l_3 - b_3)^2} \tag{5.14}$$

式中，l 为树叶的几何中心点；b_m 为主枝的几何中心点。

再次，选取距离每片树叶最近的主枝，即使得 $\mathrm{centerdis}(l, b_m)$ 最小的主枝，则这片树叶属于该主枝；遍历树冠中所有的非视觉重要树叶，以确定每片树叶所生长的主枝；树冠的非视觉重要树叶以树木模型的主枝为划分标准，生成不同的树叶集。对于图 5.22(a)的甜栗模型，其非视觉重要树叶采用上述算法以模型的 3 根

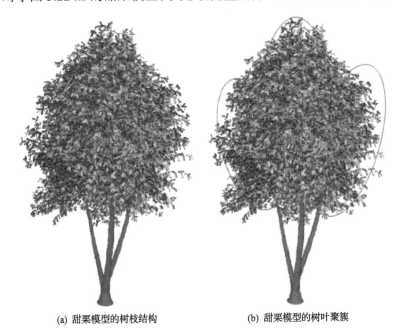

(a) 甜栗模型的树枝结构　　　　　　　　　(b) 甜栗模型的树叶聚簇

图 5.22　甜栗模型的非视觉重要树叶聚簇

主枝生成了 3 个非视觉重要树叶聚簇，如图 5.22(b)所示。树干的分枝、枝条等也采用上述算法划分聚簇。

最后，生成当前视觉感知方向下的纹理图像，如图 5.23(a)所示，代替树叶、分枝聚簇的几何表示，并绘制在对应的主枝上，如图 5.23(b)所示。

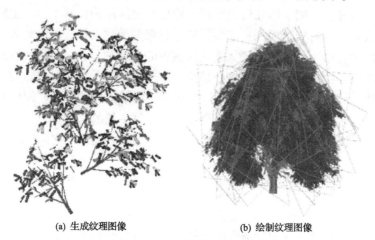

(a) 生成纹理图像　　　　　　　　(b) 绘制纹理图像

图 5.23　纹理图像的表达算法

5.2.2　动态视点下保持视觉感知的三维树木模型即时重构

1. 视觉重要树叶的裁剪因素与计算算法

根据视觉重要树叶的裁剪因素与计算算法对树冠的视觉重要树叶进行几何裁剪，以减少树冠的网格数量。为了使裁剪后的树叶尽可能保持原有的视觉感知效果，本节借鉴文献[160]和[161]提出的可见树叶的确定思想，根据以下几个因素进行树叶动态裁剪。

距离：$\mathrm{dis}(l,c)=\dfrac{d(l,c)}{\mathrm{MAX}(d(l,c))}$，其中，$d(l,c)$ 为树叶几何中心到树冠几何中心的距离，$\mathrm{MAX}(d(l,c))$ 为最大的 $d(l,c)$。树叶几何中心到树冠几何中心的距离越短，表示树叶在空间位置上离树冠中心越近，越容易被其他树叶遮挡。

朝向：在当前视觉感知方向下树叶的朝向，以树叶几何面片的法向量与视觉感知方向之间的夹角来定义树叶朝向 $\cos(l,\mathrm{cam})$。树叶之间普遍存在遮挡现象，但对于某一片具体的树叶，往往只有其中的一部分被其他树叶挡住。因此，树叶的 $\cos(l,\mathrm{cam})$ 值越大，表示树叶面片越朝向视觉感知方向，也就更容易被视点观察到。

面积：$\mathrm{area}(l)=\cos(l,\mathrm{cam})\times\dfrac{a(l)}{\mathrm{MAX}(a(l))}$，其中，$a(l)$ 为树叶几何面片的面积，

$\text{MAX}(a(l))$ 为最大的树叶几何面片的面积。用从视觉感知方向观察到的树叶面积来表示每片树叶的面积，即同一片树叶在不同视觉感知方向下具有不同的面积，垂直于视觉感知方向的树叶面积最大，而平行于视觉感知方向的树叶面积最小。

为每个裁剪因素赋一个权值，权值越大，表示该裁剪因素越重要。这些裁剪因素的加权和构成本算法的裁剪公式：

$$\varepsilon(l) = k_1 \times \text{dis}(l,c) + k_2 \times \cos(l,\text{cam}) + k_3 \times \text{area}(l) \tag{5.15}$$

式中，k_1、k_2、k_3 为每个裁剪因素的权重系数，且 $k_1 + k_2 + k_3 = 1$。本节中 k_1、k_2、k_3 分别设为 0.3、0.4、0.3。

2. 视觉重要树叶的动态裁剪算法

在考虑视觉重要树叶的动态裁剪过程中，首先，根据裁剪公式(5.15)对树冠的视觉重要树叶进行裁剪计算，并赋予一个裁剪值 $\varepsilon(l)$。

其次，将树冠的视觉重要树叶按每片树叶的裁剪值 $\varepsilon(l)$ 进行从大到小的排序，并将排序后的树叶存入队列，如图 5.24 所示。图中左侧的矩形队列表示原始树叶集，即一系列不同的树叶；右侧的矩形队列则表示原始树叶集经过裁剪公式计算、排序后在队列中的对应位置。

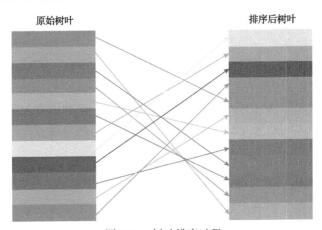

图 5.24　树叶排序过程

最后，根据视点与树木模型间的距离 d，计算视觉重要树叶的绘制率 λ：

$$\lambda = \frac{1}{\ln(d)} \tag{5.16}$$

假设树冠的视觉重要树叶的数量为 N，在进行树木模型绘制时，将动态地绘制树叶队列中前 λN 片树叶，如图 5.25 所示，以减少模型的几何数量，提高树木的实时绘制效率。

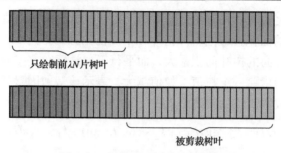

图 5.25　视觉重要树叶绘制过程

经过上述裁剪操作后，部分树叶被剔除，树冠显得稀疏，降低了树叶密度。因此，为保持视觉重要树叶的密度及面积相似性，需要扩大裁剪后的树叶面积，使得裁剪前后的树冠面积相等。假设树冠的视觉重要树叶数量为 N ，树叶的平均面积为 a ，则树叶的总面积 $S = Na$ 。为保持裁剪后的树冠面积，设裁剪后的树叶平均面积为 a' ，则可使等式 $Na = \lambda Na'$ 成立。所以，裁剪后的树叶面积 $a' = \dfrac{1}{\lambda} a$ 。

但是，经过实验结果的对比、测试，裁剪后的树叶面积 $a' = \dfrac{1}{\sqrt{\lambda}} a$ 比前者具有更好的视觉效果。因此，定义裁剪后的树叶面积 S' 应扩大为原面积的 $\dfrac{1}{\sqrt{\lambda}}$ ，即

$$S' = \frac{1}{\sqrt{\lambda}} S \tag{5.17}$$

式中，λ 为视觉重要树叶的绘制率。

树叶几何裁剪算法针对树冠的视觉重要树叶进行裁剪因素的计算并排序，然后根据视点与树木间的距离动态地对树叶进行裁剪。随着视点由近到远地观察树木，树叶数量减少，树叶面积逐渐扩大；反之亦然。

3. 基于视觉感知的三维树木模型即时重组

基于视觉感知，采用几何与图像的混合表达方式构建在各个视觉感知方向下的树木模型。当进行虚拟森林场景可视化时，根据虚拟场景的动态视点变化，完成基于视觉感知的三维树木模型即时重组，其主要过程如图 5.26 所示。

基于视觉感知的三维树木模型即时重组的主要过程如下。

首先，将三维树木模型拆分为树干和树冠两个部分。

（1）树干部分：①划分树干层次结构。②保留树干的外形结构，剔除细节层次。③根据树干的主枝划分枝条、分枝。

（2）树冠部分：①生成各个视觉感知方向下的三维树木原始图像并进行视觉显著性提取，生成视觉显著性图。②依次构建视觉显著性图与三维树木模型几何特

征的关联，划分树冠的视觉重要区域。③计算视觉重要树叶的裁剪因素并将叶片按裁剪值 $\varepsilon(l)$ 排序，根据树干的主枝划分非视觉重要树叶聚簇。

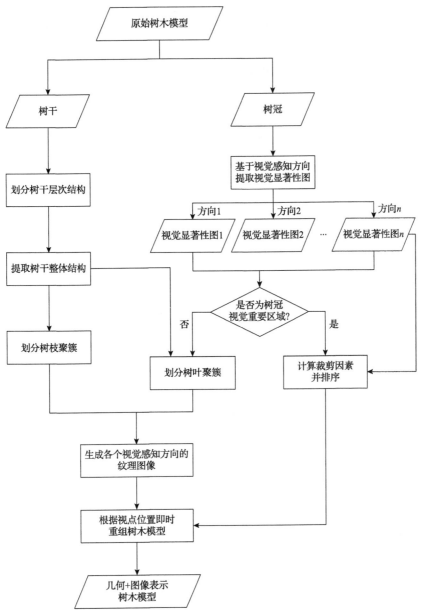

图 5.26　基于视觉感知的三维树木模型即时重组主要过程

其次，生成树枝、树叶聚簇的纹理图像。

最后，在森林场景的实时可视化过程中，根据视点的动态变化构建几何与图像的混合表示模型，完成基于视觉感知的三维树木模型即时重组，具体如下。

（1）通过森林场景的交互信息获取虚拟场景的视点位置。

（2）根据虚拟场景中视点与三维树木模型的方位关系，计算当前视点与各个视觉感知方向间的夹角 θ_i（图 5.27），确定视点与各个视觉感知方向的相近程度。夹角 θ_i 越小，表示视觉感知方向 i 与当前视点位置越近。选取最小夹角 $\theta_{\min}$ 并确定生成 $\theta_{\min}$ 的视觉感知方向 min，将其作为当前视点下的视觉感知方向。

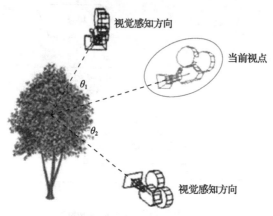

图 5.27　确定视觉感知方向

（3）自动提取对应于视觉感知方向 min 的树冠视觉重要区域及非视觉重要树叶、树枝纹理图像的信息路径。若 $\theta_{\min}$ 为 0，则当前视点正好位于视觉感知方向 min，利用模型信息路径即时重组模型，生成当前视点下的树木模型；若 $\theta_{\min}$ 不为 0，则同样利用模型信息路径生成视觉感知方向 min 下的树木模型，并根据视点与视觉感知方向 min 间的夹角将树木模型旋转 $\theta_{\min}$ 以表示当前视点下的树木模型。

5.2.3　实验结果分析

为了验证基于视觉感知的三维树木模型即时重组算法的有效性，采用 VC++ 和 OpenGL 实现了支持信息即时重组的三维树木模型简化系统。在如下配置的计算机上进行三维树木模型的重构，以及三维森林场景的实时可视化：Microsoft Windows 7 操作系统，CPU 为 Intel（R）Core（TM）i3@3.20GHz，2048MB（DDR2 SDRAM）内存，ATI Radeon HD 4550 显卡。

1. 即时重组测试数据分析

选取甜栗、冬青、欧洲高山白蜡树三种树木模型进行三维树木模型即时重组实验，其中，甜栗、冬青、欧洲高山白蜡树的原始模型的树叶三角形面片数分别

为 49984 个、26872 个、123828 个；树干三角形面片数分别为 151260 个、150864
个、69991 个。首先，该实验生成 16 个典型的视觉感知方向下的三维树木模型原
始图像，进行视觉显著性提取。甜栗模型原始图像如图 5.28 所示，图 5.28(a)～
(p)分别为甜栗模型在视觉感知方向为 0°、22.5°、45°、67.5°、90°、112.5°、135°、
157.5°、180°、202.5°、225°、247.5°、270°、292.5°、315°、337.5°下生成的甜栗图像。

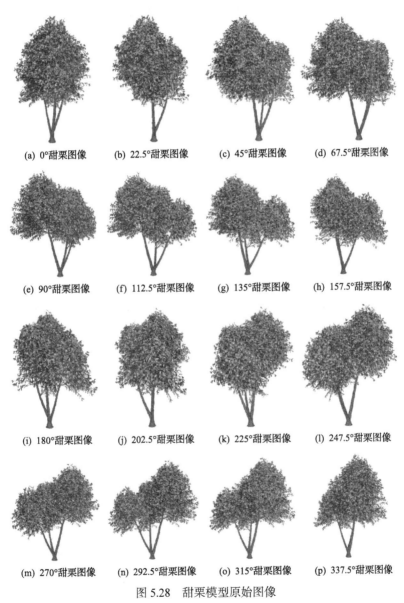

(a) 0°甜栗图像　　(b) 22.5°甜栗图像　　(c) 45°甜栗图像　　(d) 67.5°甜栗图像

(e) 90°甜栗图像　　(f) 112.5°甜栗图像　　(g) 135°甜栗图像　　(h) 157.5°甜栗图像

(i) 180°甜栗图像　　(j) 202.5°甜栗图像　　(k) 225°甜栗图像　　(l) 247.5°甜栗图像

(m) 270°甜栗图像　　(n) 292.5°甜栗图像　　(o) 315°甜栗图像　　(p) 337.5°甜栗图像

图 5.28　甜栗模型原始图像

其次，根据每幅树木模型视觉显著性图，生成当前视觉感知方向下的非视觉重要树叶集与树枝集的纹理图像。甜栗模型树叶与树枝纹理图像如图 5.29 所示，图 5.29(a)～(p)分别为甜栗模型在视觉感知方向为 0°、22.5°、45°、67.5°、90°、112.5°、135°、157.5°、180°、202.5°、225°、247.5°、270°、292.5°、315°、337.5°下生成的树叶与树枝纹理图像。最后，当进行树木模型绘制时，根据视点位置提取对应视觉感知方向下的树木模型信息，完成基于视觉感知的三维树木模型即时重组。

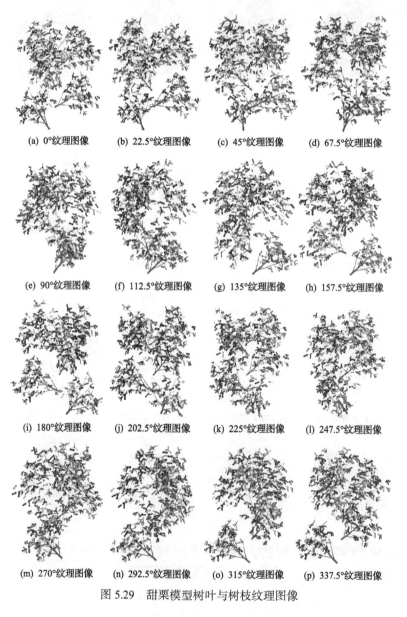

(a) 0°纹理图像　　(b) 22.5°纹理图像　　(c) 45°纹理图像　　(d) 67.5°纹理图像

(e) 90°纹理图像　　(f) 112.5°纹理图像　　(g) 135°纹理图像　　(h) 157.5°纹理图像

(i) 180°纹理图像　　(j) 202.5°纹理图像　　(k) 225°纹理图像　　(l) 247.5°纹理图像

(m) 270°纹理图像　　(n) 292.5°纹理图像　　(o) 315°纹理图像　　(p) 337.5°纹理图像

图 5.29　甜栗模型树叶与树枝纹理图像

　　为验证基于视觉感知的三维树木模型即时重组算法确实能够生成保持视觉感知的树木简化模型，在当前视点与 0°视觉感知方向分别呈 0°、5°、11°夹角的情况下，对比树叶合并算法、树叶随机裁剪算法和本节算法的树木模型简化效果，图 5.30～图 5.32 分别给出了 3 种树木模型的简化结果。图 5.30 为甜栗模型的简化结果对比，从图 5.30(a)～图 5.30(d)依次为 0°视点位置下的原始模型、树叶合并算法的简化结果、树叶随机裁剪算法的简化结果和本节算法的简化结果；图 5.30(e)～(h)依次为 5°视点位置下的原始模型、树叶合并算法的简化结果、树叶随机裁剪算法的简化结果和本节算法的简化结果；图 5.30(i)～(l)依次为 11°视点位置下的原始模型、树叶合并算法的简化结果、树叶随机裁剪算法的简化结果和本节算法的简化结果。其中，甜栗模型的树冠分别包含 49984 个、14352 个、9996 个和 9684 个三角形面片，甜栗模型的树干分别包含 151260 个、151260 个、151260 个和 6390 个三角形面片。

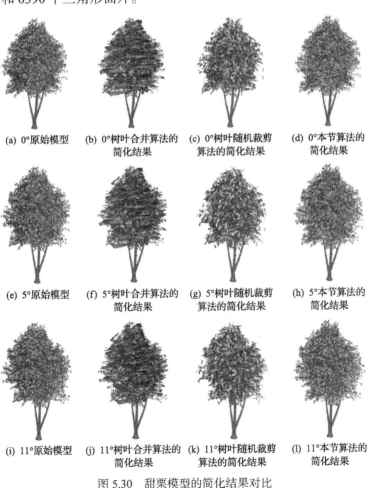

(a) 0°原始模型　　(b) 0°树叶合并算法的简化结果　　(c) 0°树叶随机裁剪算法的简化结果　　(d) 0°本节算法的简化结果

(e) 5°原始模型　　(f) 5°树叶合并算法的简化结果　　(g) 5°树叶随机裁剪算法的简化结果　　(h) 5°本节算法的简化结果

(i) 11°原始模型　　(j) 11°树叶合并算法的简化结果　　(k) 11°树叶随机裁剪算法的简化结果　　(l) 11°本节算法的简化结果

图 5.30　甜栗模型的简化结果对比

　　图5.31为冬青模型的简化结果对比，从图5.31(a)～(d)依次为0°视点位置下的原始模型、树叶合并算法的简化结果、树叶随机裁剪算法的简化结果和本节算法的简化结果；图5.31(e)～(h)依次为5°视点位置下的原始模型、树叶合并算法的简化结果、树叶随机裁剪算法的简化结果和本节算法的简化结果；图5.31(i)～(l)依次为11°视点位置下的原始模型、树叶合并算法的简化结果、树叶随机裁剪算法的简化结果和本节算法的简化结果。其中，冬青模型的树冠分别包含26872个、7860个、5374个和5952个三角形面片，冬青模型的树干分别包含150864个、150864个、150864个和16362个三角形面片。

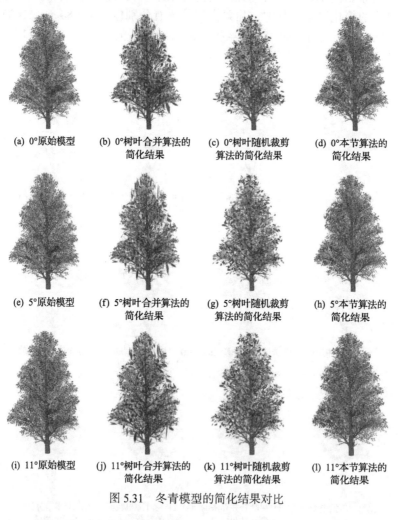

(a) 0°原始模型　　(b) 0°树叶合并算法的简化结果　　(c) 0°树叶随机裁剪算法的简化结果　　(d) 0°本节算法的简化结果

(e) 5°原始模型　　(f) 5°树叶合并算法的简化结果　　(g) 5°树叶随机裁剪算法的简化结果　　(h) 5°本节算法的简化结果

(i) 11°原始模型　　(j) 11°树叶合并算法的简化结果　　(k) 11°树叶随机裁剪算法的简化结果　　(l) 11°本节算法的简化结果

图5.31　冬青模型的简化结果对比

　　图5.32为欧洲高山白蜡树模型的简化结果对比，图5.32(a)～(d)依次为0°视点位置下的原始模型、树叶合并算法的简化结果、树叶随机裁剪算法的简化结果和本

节算法的简化结果；图 5.32(e)～(h)依次为 5°视点位置下的原始模型、树叶合并算法的简化结果、树叶随机裁剪算法的简化结果和本节算法的简化结果；图 5.32(i)～(l)依次为 11°视点位置下的原始模型、树叶合并算法的简化结果、树叶随机裁剪算法的简化结果和本节算法的简化结果。其中，欧洲高山白蜡树模型的树冠分别包含123828 个、34680 个、37128 个和 29420 个三角形面片，欧洲高山白蜡树模型的树干分别包含 69991 个、69991 个、69991 个和 7551 个三角形面片。

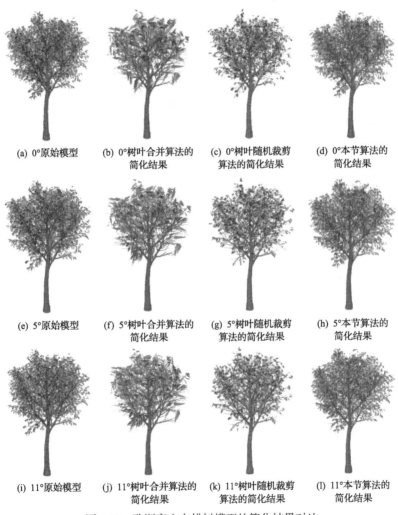

(a) 0°原始模型	(b) 0°树叶合并算法的 简化结果	(c) 0°树叶随机裁剪 算法的简化结果	(d) 0°本节算法的 简化结果
(e) 5°原始模型	(f) 5°树叶合并算法的 简化结果	(g) 5°树叶随机裁剪 算法的简化结果	(h) 5°本节算法的 简化结果
(i) 11°原始模型	(j) 11°树叶合并算法的 简化结果	(k) 11°树叶随机裁剪 算法的简化结果	(l) 11°本节算法的 简化结果

图 5.32　欧洲高山白蜡树模型的简化结果对比

2. 视觉质量分析

为提供三维树木模型即时重组算法的理论支持，采用一个基于视觉显著性图的计算模型进行简化模型视觉质量的比较与分析[162]。该计算模型基于图像的较低层次特征，如亮度、颜色和方向生成一个视觉显著性图。在进行视觉显著性图的计算时，图像被抽样为 16 个不同的分辨率，并利用一个 center-surround 算子量化一幅图像在其精细尺度和粗糙尺度间的像素差距。该量化值被规范化并附加形成各种特征图，以进一步合成最终的视觉显著性图。利用视觉显著性图的计算主要有以下两个目的：首先，作为一个评价树木简化模型视觉质量的客观指标；其次，利用视觉注意模型以达到更好的树木简化效果。

通过计算树木模型的原始图像与简化图像的视觉显著性图，对比简化模型的视觉质量。如果两幅图像在视觉效果上相似，则其视觉显著性图之间的差异也较小。因此，本节以两幅视觉显著性图的均方差(mean square error，MSE)为它们之间差异的客观指标。为了验证三维树木模型即时重组算法在多个视点观察方向都能够保持简化模型的视觉质量，选取环绕树木模型一周的多个视觉感知方向，进行 FSA、树叶随机裁剪算法和本节算法的简化模型视觉质量分析[163,164]。用上述三种算法对甜栗模型、冬青模型、欧洲高山白蜡树模型进行简化，并用其原始模型与简化模型的图像进行视觉质量分析，结果如图 5.33～图 5.35 所示。图中，横坐标为环绕树木模型一周的视点位置，纵坐标为三种简化算法生成的简化模型的

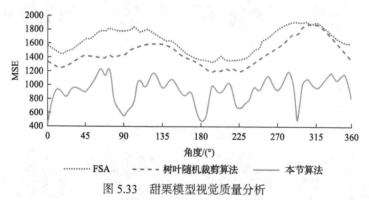

图 5.33　甜栗模型视觉质量分析

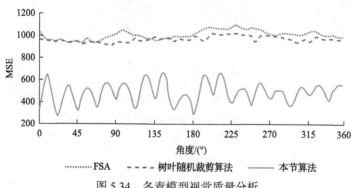

图 5.34　冬青模型视觉质量分析

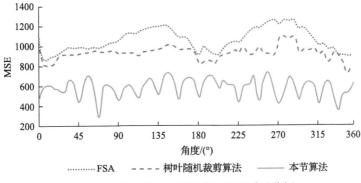

图 5.35　欧洲高山白蜡树模型视觉质量分析

MSE 值（与原始模型对比）。根据图 5.33～图 5.35 可以看出，本章的三维树木模型即时重组算法相比于其他树木模型简化算法，更好地保持了简化模型的视觉质量。

此外，根据场景视点的动态变化，以冬青模型为例，选取如图 5.36 所示的水平、垂直多个视点位置对观察到的树木模型进行视觉质量分析。图 5.36 中的圆点就是选取的视点位置，树木背面的视点位置与正面对称。

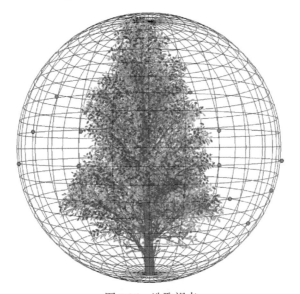

图 5.36　选取视点

用 FSA、树叶随机裁剪算法和本节算法对冬青模型进行简化，并在如图 5.36 所示的视点位置将观察到的原始模型与简化模型的图像进行视觉质量分析，结果如图 5.37 所示[163,164]。图中，横坐标为环绕树木模型一周的视点位置，纵坐标为三种简化算法生成的简化模型的 MSE 值（对比原始模型）。从图 5.37 可以看出，本节提出的三维树木模型即时重组算法在水平、垂直等多个视点位置均有较好的视觉感知效果。

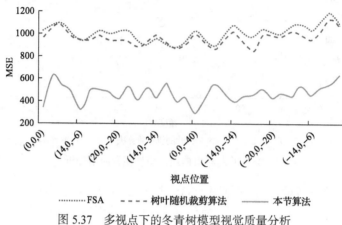

图 5.37　多视点下的冬青树模型视觉质量分析

5.3　大规模森林场景的快速漫游算法

动态视点下保持视觉感知的三维树木模型即时重构算法主要针对单木开展研究，本节将以整个森林场景为对象，从基于视点的调度算法和场景数据的并行调度两个方面探索大规模森林场景的快速漫游算法。

5.3.1　基于视点的调度算法

对于一个大场景的仿真，最后在屏幕上展示给用户的部分其实只有在视域之内的内容，在视域之外的部分是不可见的，如图 5.38 所示。图中只有扇形区域

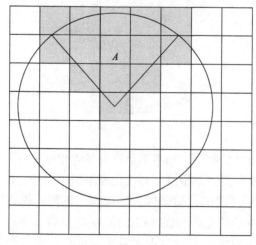

图 5.38　场景可见区域

A(对应于深色部分的场景块)是对用户可见的,那么在绘制场景时只需要绘制出 A 区域。当视点发生变化时,可见区域 A 就会发生变化,这使得前一时刻可见区域内的部分物体将会被新的物体替代,具体步骤如下:

(1)初始时,根据视点的位置确定最初的可见区域,并载入相应的数据。

(2)当视点在场景中漫游时,不断地检测可见区域的变化。

(3)当可见区域发生变化时,从外存中载入新出现在可见区域内的数据,将不在可见区域内的数据从内存中删除,并回到步骤(2),直到退出仿真系统。

5.3.2　场景数据的并行调度

在大规模场景仿真过程中,如果只采用单线程处理,每当视点发生变化需要重新从外存中载入数据时,场景的渲染工作将会被停止,直到所需要的数据全部载入完毕才能再次开始渲染工作。数据内外存调度的速度缓慢,如果每次调入的数据量比较大,将会造成比较明显的场景停顿现象。所以,为了保持场景绘制的稳定,尽可能减少场景画面停顿的现象,可以采用多线程技术分别完成场景的绘制和场景数据的调度。

根据不同的功能,线程分为绘制线程和数据调度线程两类。当视点发生变化时,场景的渲染和数据调入可以同时工作,以提高场景的绘制效率。在场景绘制过程中,CPU 主要负责可见区域的计算、场景生物量计算以及场景模型层次的判断,场景的绘制工作则是由图形处理器来执行的。所以,当 CPU 把处理过的场景数据交给图形处理器绘制时,CPU 将处于空闲状态,可以利用这段空闲时间来调度场景数据。图 5.39 为多线程工作模型。

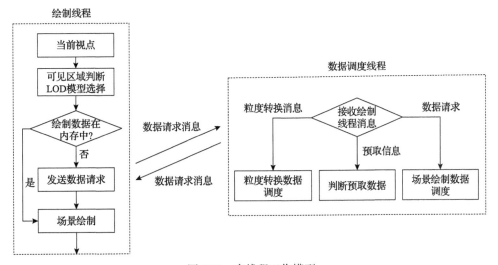

图 5.39　多线程工作模型

1. 绘制线程

绘制线程的主要工作是根据视点信息计算出当前场景的可见区域，并判断可见区域的绘制数据是否在内存中，对可见区域内的树木进行 LOD 模型计算以及向数据调度线程发送预取消息。如果需要进行不同规模场景之间的转换，则绘制线程负责对可见区域内的树木进行生物量的修正。

当用户视点发生变化时，绘制线程根据当前视点重新计算当前的可见区域，并确认内存中是否已有场景重新绘制所需要的数据，如果是，则直接进行场景的绘制并向数据预取线程发送视点更新消息。如果当前需要绘制的场景不在内存中，绘制线程需要根据当前视点的位置、当前视点的方向等视点信息对可见区域内的树木进行 LOD 模型计算。LOD 模型选择如图 5.40 所示，LOD0 为精细的三维树木模型，LOD1 为简化后的三维树木模型，LOD2 采用 Billboard 技术直接使用纹理贴图。在计算完成后，绘制线程挂起并向数据调度发送数据请求消息，在数据调度线程从外存中调入场景数据后再继续进行绘制。

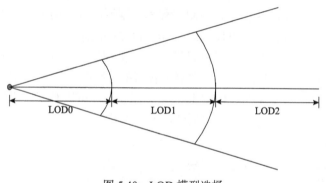

图 5.40　LOD 模型选择

2. 数据调度线程

数据调度线程的主要工作是从外存中调度数据，通过分析绘制线程传递过来的消息，判断具体需要调度数据的内容，如当前场景绘制数据、场景预取数据或场景计算数据等，同时从内存中删除部分场景数据。

若数据调度线程接收到绘制线程发来的场景数据请求消息，则说明需要绘制的场景数据并不完全在内存中，需要进行直接调度。这时数据调度线程根据数据请求消息直接从外存中调度绘制线程所需要的数据，此时数据调度优先级最高。

若数据调度线程接收到绘制线程发来的新视点坐标信息，则说明当前绘制的场景数据都已在内存中，绘制线程已经进入绘制操作。此时，数据调度线程

的主要工作是根据新视点的数据来判断下一次绘制可能用到的数据，并将这些
数据调度到内存中。如图 5.41 所示，场景块 A 为当前视点所在位置，灰色区域
为当前可见区域，即当前需要绘制的区域，区域 B、C、D 则是预取区域。在接
收到绘制线程发出的视点信息后(坐标和方向)，数据调度线程根据视点信息更
新视点视域，计算预取区域并判断预取区域所对应的 LOD。预取区域场景块的
编号可以根据可见区域的编号直接计算得出。在计算出所有预取区域的场景块
之后，由于每次数据预取存在时间的限制(数据预取时间必须小于场景绘制时
间)，需要对这些场景块的调度优先级进行分类，判断的依据主要是前一刻视点
的前进方向。

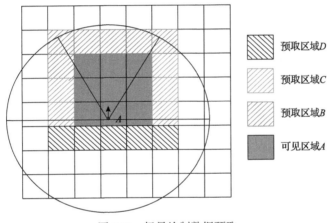

图 5.41　场景绘制数据预取

　　根据场景块与视点运动方向夹角的大小，将预取区域分为三个优先级。在图 5.41
中，箭头表示视点前一时刻的运动方向，预取区域 B 标记为高优先级(其优先级
依然低于当前场景块的数据优先级)，预取区域 C 标记为中优先级，预取区域 D
则标记为低优先级。场景块 i 的优先级 K_i 如下：

$$K_i = \begin{cases} 高, & \theta_i < 30 \\ 中, & 30 \leqslant \theta_i \leqslant 90, \quad i \in R \\ 低, & 90 < \theta_i < 180 \end{cases} \qquad (5.18)$$

式中，K_i 表示场景块 i 的优先级；θ_i 表示场景块与视点运动方向的夹角；R 表示
预取区域场景块的集合。

　　在将预取数据调度到内存时，需要从内存中删除相应大小的场景数据，本节
选择最近最少使用(least recently used，LRU)策略来选择删除的场景块。

5.4 本 章 小 结

为了支持虚拟森林仿真的快速可视化,本章从三维树木模型的简化算法入手,研究了基于树叶简化的多分辨率三维树木模型建立算法、几何与图像混合的三维树木模型轻量化算法。本章提出的保持视觉感知的三维树木叶片模型分治简化算法能够根据植物学知识和树木模型的拓扑结构为树冠划分树叶聚簇,简化后的三维树木模型仍保持原始模型的拓扑结构和外观形态。几何与图像混合的三维树木模型轻量化算法能够根据虚拟场景的动态视点自动确定基于视觉感知的三维树木模型表达信息的提取路径,完成三维树木模型信息的即时重组。此外,本章还针对大规模森林场景漫游实时性差的问题,对大规模森林场景的快速漫游算法进行探索。应用结果表明,本章提出的虚拟森林可视化算法有助于实现虚拟森林场景的快速绘制和漫游,较好地提高了场景的绘制速度和操作的实时性。

第 6 章　基于 LiDAR 点云数据的单木检测算法

对于森林生态系统，地面调查虽然能够比较全面地了解生态系统的结构、过程和功能状况及其变化，但其所能达到的时空尺度有一定的局限性。遥感技术则可以完成复杂时空尺度海量观测数据的收集与处理，便于对森林生态系统实现客观、连续、重复、动态的对比分析等。近年来，LiDAR 点云数据也被广泛应用在林业应用领域[165]。机载激光雷达是一种集激光测距技术、计算机技术、惯性测量单元、差分定位技术于一体，安装在飞机上的激光探测和测距系统，可以测量地面物体的三维坐标。机载激光扫描(airborne laser scanning, ALS)技术是机载 LiDAR 技术的一种，它在三维地形模型探测和森林高度探测方面有着独特的优势，可以快速、准确地获取林地的数字表面模型(digital surface model, DSM)和森林高度信息。因此，利用这类数据可以实现单木检测。

许多学者对于如何从 LiDAR 点云数据中检测单木信息进行了研究，根据 LiDAR 点云数据使用方式的不同，目前单木检测算法主要分为两类。第一类算法是直接从 LiDAR 点云数据中检测单木[166-168]。这类算法使用三维点云数据，因此可以识别被大树遮盖住的小树，但是在树林密集的区域，点云数据过于密集导致误识率较高。此外，由于在 LiDAR 点云数据中通常存在海量的点，第一类算法的时间/空间复杂度都较高。第二类算法是先将 LiDAR 点云数据进行栅格化，再在栅格化的数据中检测单木[169,170]。这类算法中很多都依赖局部最大值的选取，参数依赖性强，并且在树林密集的情况下容易产生误识别和漏识别。

综合来看，目前基于 LiDAR 点云数据的单木检测中存在的主要问题如下：

(1)树木生长密集、相互遮挡、在遥感图像中黏连现象严重，导致不容易识别，影响了单木检测的精确度。

(2)不同树种、不同树龄的树形态差别大，难以建立统一的模型。

(3)现有的算法往往过于依赖先验知识和设置的检测参数，没有很好地将单木的形状特征表达出来。

一般情况下，虽然树冠的几何形状各异，但是都会呈现一个近似锥形的空间几何形状，具有明显的梯度方向特征[171]。为了充分利用树木的形状特征和提高单木检测的精确度，本章提出一种基于梯度方向聚类的 LiDAR 点云数据的单木检测算法。该算法充分利用 LiDAR 点云数据中各点之间的梯度方向信息，提取并构建树木的锥形树冠模型，从而提高单木检测的自动化程度，降低单木检测结果的误识率和漏识率。

6.1　基　本　流　程

　　LiDAR 点云数据中海量的点给算法的时间复杂度和空间复杂度都带来了挑战，所以对基于 LiDAR 点云数据栅格化的数字表面模型展开研究。目前，基于栅格化点云数据的单木检测算法大多与局部最大值的选择密切相关，而选取局部最大值首先需要设定选取窗口的大小，这样会导致参数依赖性强，而且当局部最大值点的选择出现问题时，往往导致检测结果不理想。

　　冠层高度模型的三维显示如图 6.1 所示，以冠层高度模型(canopy height model, CHM)中像素点的高度值为 Z 轴，树木在这样的三维显示图像中会呈现锥形[172]。根据栅格图像可以计算每个点的梯度方向。在栅格图像的锥形体中，梯度方向指向顶部，可能会有误差，但是总体趋势如此，如图 6.2 所示。从锥形中的某一点开始，顺着每个点的梯度方向移动，最终会到达顶点。利用这个特点，将移动到同一个终点的所有点聚为同一类，显而易见，同属一个锥形中的点会被聚为同一类。

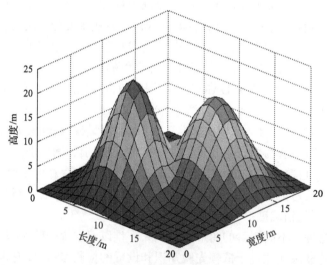

图 6.1　冠层高度模型的三维显示

　　分水岭分割算法也可以用来提取类似锥形的几何形状，但是该算法需要选择局部极值点作为种子点，局部极值点的选择依赖参数设置，且种子点的选择会极大地影响实验结果[173,174]。本章算法则避免了以上问题，算法流程主要有：首先根据 LiDAR 点云数据生成 DSM，结合 DSM 和数字地形模型(digital terrain model, DTM)计算 CHM。然后进行梯度方向聚类，得到备选单木集。对单木集中的树进行筛选，最后可以得到单木检测结果。单木检测算法流程如图 6.3 所示。

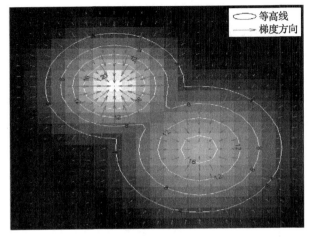

图 6.2　冠层高度模型中的梯度方向(单位：m)

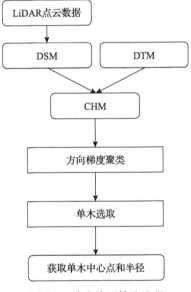

图 6.3　单木检测算法流程

6.2　基于梯度方向聚类的 LiDAR 点云数据单木检测算法

6.2.1　LiDAR 点云数据栅格化

　　LiDAR 点云数据存在不规则散布问题，以规则网格使点云数据结构化，用插值法求得每个小网格内点云数据的信息可以解决这个问题。插值法是用来栅格化点云数据、计算 DSM 的通用算法，在计算 DSM 过程中可以采用局部插值法。该

算法的一般步骤如下[175]:

(1)将三维点云数据投影到 X-Y 平面。

(2)定义规则网格的宽度 Δx 、高度 Δy 、搜索半径 r 。

(3)对于每一个规则网格需要插值的点 (x, y) ，找到距离 (x, y) 小于半径 r 的点。

(4)选择一个合适的数学模型来计算栅格图像中点 (x, y) 的高度。通常可以用一些局部插值法，如线性插值法、最邻近差值法、双线性插值法和卷积插值法等。LiDAR 点云数据栅格化如图 6.4 所示。

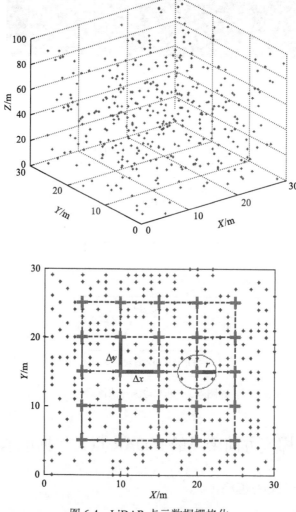

图 6.4　LiDAR 点云数据栅格化

DSM 直接减去 DTM 就可以得到 CHM。CHM 图像中每个点的值就是当前点相对地面的高度值。冠层高度模型的计算如图 6.5 所示。

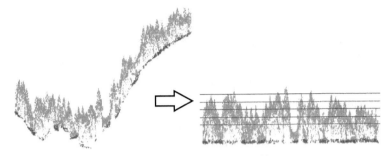

图 6.5　冠层高度模型的计算

6.2.2　基于方向梯度的聚类

基于方向梯度的聚类可以通过 Sobel 算子得到 CHM 中某个点 $f(x, y)$ 水平方向的梯度值 G_x[176]：

$$
\begin{aligned}
G_x = &\, f(x-1, y+1) + 2f(x, y+1) + f(x+1, y+1) \\
&- f(x-1, y-1) - 2f(x, y-1) - f(x+1, y-1)
\end{aligned}
\tag{6.1}
$$

和垂直方向的梯度值 G_y：

$$
\begin{aligned}
G_y = &\, f(x+1, y-1) + 2f(x+1, y) + f(x+1, y+1) \\
&- f(x-1, y-1) - 2f(x-1, y) - f(x-1, y+1)
\end{aligned}
\tag{6.2}
$$

梯度方向 θ 的计算公式如下：

$$
\theta = \begin{cases}
\arctan\left(\dfrac{G_y}{G_x}\right), & G_x > 0 \\[2mm]
\arctan\left(\dfrac{G_y}{G_x}\right) + \pi, & G_y \geqslant 0, G_x < 0 \\[2mm]
\arctan\left(\dfrac{G_y}{G_x}\right) - \pi, & G_y < 0, G_x < 0 \\[2mm]
+\dfrac{\pi}{2}, & G_y > 0, G_x = 0 \\[2mm]
-\dfrac{\pi}{2}, & G_y < 0, G_x = 0 \\[2mm]
0, & G_y = 0, G_x = 0
\end{cases}
\tag{6.3}
$$

聚类的具体步骤如下。

参数说明：label 表示聚类过程中的标记矩阵，大小和 f 相同。点的 label 值相同，表示这些点属于同一类。index 是聚类过程中所用的索引。map$\langle x, y \rangle$用来保存每一次聚类过程中的点，保存在 map 中的点必然属于同一类。

(1)初始化参数设定：index=1，label=0。

(2)寻找点(x, y)，满足 label$(x, y) = 0$ 并清空 map$\langle x, y \rangle$。

(3)将(x, y)加入 map$\langle x, y \rangle$中。

(4)检查 label$(x, y) = 0$ 是否满足，如果满足，则执行步骤(5)；如果不满足，则将 map$\langle x, y \rangle$中的所有点取出，并且令 label 中这些点的值为 label(x, y)，执行步骤(2)。

(5)利用 Sobel 算子计算点$f(x, y)$的梯度方向，并找到该点上下左右四个点中的和梯度方向差异最小的点。如果找到的点的高度小于当前点的高度值，则执行步骤(6)，否则，更新点(x, y)为根据梯度方向找到的点，执行步骤(3)。

(6)将 map$\langle x, y \rangle$所有点取出，并且令 label 中这些点的值为 index，index=index$+1$，执行步骤(2)。

最后得到的 label 矩阵中相同 index 的点属于同一类。上述步骤为四邻域(4-neighbor, 4-N)梯度方向聚类，该算法还可以演变为八邻域(8-neighbor, 8-N)聚类，只需要在寻找梯度方向差异最小点时从周围八个点中寻找。聚类的过程从一个点出发直到终点结束，这个过程定义为一条路径，图 6.6(a)和图 6.6(b)分别演示了在一幅相同图像的四邻域梯度方向聚类过程和八邻域梯度方向聚类过程中的一条路径。

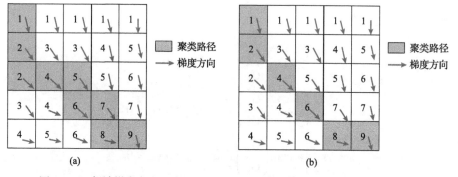

图 6.6　四邻域梯度方向聚类过程和八邻域梯度方向聚类过程中的一条路径

6.2.3　单木的选取和参数的确定

经过聚类得到的影像对象粗糙的边界和细碎的小影像都对结果有较大影响，可采用数学形态学算法进行腐蚀膨胀以消除这些影响。对于形状特征完全不符合树木冠层形状的影像对象，应该予以剔除。树冠模型应具有基本的类似正方形的多边形区域，通过定义密度参数可以明显排除噪声区域。密度d可以表示为影像

对象面积与其半径的比值，即

$$d = \frac{\sqrt{n}}{1 + \sqrt{\text{Var}(X) + \text{Var}(Y)}} \qquad (6.4)$$

式中，n 是构成影像对象的像素数量；X 是构成影像对象的所有像素的 x 坐标；Y 是构成影像对象的所有像素的 y 坐标。

使用密度来描述对象的紧致程度，在像素栅格的图像中理想的紧致形状是一个正方形。一个影像对象的形状越类似于正方形，它的密度就越高。设置密度阈值 T_d 为

$$T_d = k_1 - k_2 \times \text{res} \qquad (6.5)$$

式中，res 为分辨率；k_1 和 k_2 为两个常数，在实验结果部分将会具体解释这两个参数的选择。当影像对象密度 $d > T_d$ 时，才认为影像对象是树。

最后需要得到单木的中心点，求取影像对象最小外接圆的圆心作为单木的中心点，以 CHM 中这一点的高度值作为当前检测得到的树高，计算步骤如下：

(1) 遍历所有的点，计算它与其他所有点的距离，返回其中距离最长的两个点 A、B。

(2) 将点 A、B 所在线段作为直径，求圆。

(3) 计算其他所有点到圆心的距离，如果均小于等于圆的半径，则当前圆就是最终需要的单木的最小外接圆。

(4) 如果某些点到圆心的距离大于圆的半径，找出其中最大的点 C，求以点 A、B、C 为顶点的三角形的最小外接圆，重复步骤(3)。

6.3　实　验　数　据

实验所用 LiDAR 点云数据来自 NEWFOR (new technologies for a better mountain forest timber mobilization) 项目[177]。其侧视图和俯视图如图 6.7 所示。这

图 6.7　LiDAR 点云数据的侧视图和俯视图

个项目提供的公开数据有各个区域的 LiDAR 点云数据和相对应的 DTM。另外，还有每个 LiDAR 点云数据的感兴趣区域文件和单木的标定文件[178]。实验数据涉及 4 个国家的 6 大区域，共 18 组数据。

在给出的数据集中序号为 5、12、13、14 的数据并未公布。在数据集公开的 14 个森林地区，有 7 个地区属于多层混交林(ML/M)，2 个地区属于多层针叶林 (ML/C)，2 个地区属于单层混交林(SL/M)，3 个地区属于单层针叶林(SL/C)，具体如表 6.1 所示。

表 6.1　实验数据所属地区和森林类型

序号	地区	森林类型
1	法国的罗讷-阿尔卑斯	ML/M
2		ML/C
3	意大利的皮埃蒙特	SL/C
4		ML/M
6	奥地利的蒙塔丰	ML/C
7	意大利维琴察省的阿夏戈	SL/C
8		ML/M
9		SL/C
10	意大利的特伦托省	ML/M
11		ML/M
15		SL/M
16	斯洛文尼亚的西南部	SL/M
17		ML/M
18		ML/M

6.4　实验结果分析

对于实验结果，从 4 个不同角度来说明，分别如下：

(1)算法检测结果展示。

(2)算法对数据集中每个区域的检测结果。

(3)算法对数据集的总体检测结果。

(4)算法对不同森林类型的检测结果。

实验算法分为四邻域(4-N)梯度方向聚类算法和八邻域(8-N)梯度方向聚类算法两种。检测中使用的 CHM 分辨率对实验结果有较大的影响。若分辨率过高，则 CHM 会有许多空值点，虽然可以通过线性插值等算法填补空缺，但是这样不可避免地增加了 CHM 中的噪声;如果分辨率过低,则 CHM 中包含的梯度方向信息大大减少,算法的检测效率自然会下降,将无法检测到较小的树木。本章在实验中分别使用了 0.3m、0.5m、0.7m 三种分辨率的 CHM。

6.4.1 检测结果演示

表 6.2 展示了单木筛选中参数 k_1 和 k_2 取值对检测结果的影响。因为密度特征计算结果范围较小,通常为 1~2,所以实验选择了三组 k_1 和 k_2,分别为 (1.7,0.65)、(1.55,0.5)、(1.4,0.35),三组的实验结果十分接近,证明本章算法的参数依赖性小。在 k_1 和 k_2 取 1.55 和 0.5 时,取得了最佳结果,故在下面内容的数据中 k_1 和 k_2 的取值都是 1.55 和 0.5。

表 6.2 单木筛选中不同参数 k_1 和 k_2 对检测结果的影响

k_1, k_2	分辨率/m	算法	检测得分均方根 RMS_M	平均检测得分
1.7, 0.65	0.3	4-N	36	35.7
		8-N	40	
	0.5	4-N	41	
		8-N	36	
	0.7	4-N	38	
		8-N	33	
1.55, 0.5	0.3	4-N	37	37.7
		8-N	40	
	0.5	4-N	43	
		8-N	36	
	0.7	4-N	38	
		8-N	32	
1.4, 0.35	0.3	4-N	37	37.5
		8-N	40	
	0.5	4-N	43	
		8-N	36	
	0.7	4-N	37	
		8-N	32	

图 6.8(a) 展示了 4-N 梯度方向聚类算法在 0.5m 分辨率下梯度方向聚类的检测结果:检测率为 170%,匹配率为 76%,误识率为 56%,漏识率为 24%,M 为 49。图 6.8(b) 和图 6.8(c) 都采用了 LM+Filtering 算法[179]进行聚类,其中,图 6.8(b)提取极大值时设置的窗口参数为 5,检测结果:检测率为 91%,匹配率为 59%,误识率为 35%,漏识率为 41%,M 为 44;图 6.8(c)提取极大值时设置的窗口参数为 3,检测结果:检测率为 329%,匹配率为 81%,误识率为 75%,漏识率为 19%,

M 为 46。从结果可以看出，4-N 梯度方向聚类算法的检测结果更优，而 LM+Filtering 算法极易受到参数的影响。

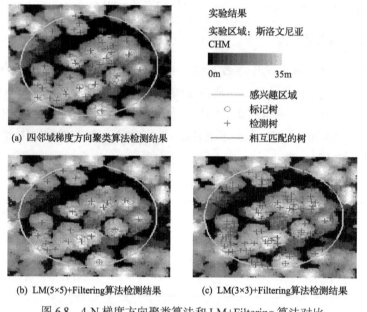

(a) 四邻域梯度方向聚类算法检测结果

实验结果

实验区域：斯洛文尼亚
CHM

0m　　　　　35m

------ 感兴趣区域
○　标记树
+　检测树
——— 相互匹配的树

(b) LM(5×5)+Filtering 算法检测结果　　(c) LM(3×3)+Filtering 算法检测结果

图 6.8　4-N 梯度方向聚类算法和 LM+Filtering 算法对比

6.4.2　各个实验区域的检测结果

一般认为检测率应该在一个合适的范围内，本节选择 50%～150% 作为检测率的合适范围，如图 6.9 所示。从表 6.3 中不同分辨率下 4-N 梯度方向聚类算法和 8-N 梯度方向聚类算法的检测率在合适范围内的区域数量可以看出，在 0.7m 分辨率下两种算法得到合适检测率的区域数量是最多的，0.5m 分辨率下略微少于 0.7m，0.3m 分辨率下则明显偏少。

实验区域检测结果的匹配率如图 6.10 所示。从图 6.10 的结果可以看出，当匹配率大于 60% 时，算法的检测结果取得了较优的匹配率。从表 6.4 中不同分辨率下 4-N 梯度方向聚类算法和 8-N 梯度方向聚类算法的匹配率在较优的区域数量可以看出，在 0.5m 分辨率下两种检测算法得到较优的匹配率的区域数量最多。4-N 梯度方向聚类算法在 0.5m 分辨率下，在 10 个区域取得了较优匹配率，是最佳的。这 10 个区域中包括所有的单层针叶林 (区域 3、7、9) 和单层混交林 (区域 15、16)，说明算法对于单层类型的森林可以取得较优的匹配率。

实验区域检测结果的误识率如图 6.11 所示。从图 6.11 的结果可以看出，在较高分辨率的情况下，算法取得了较高的误识率。这是因为当用 ALS 点云数据生成 0.3m 分辨率的 CHM 时，点的密度并不高，CHM 含有较多噪声，检测结果中检测

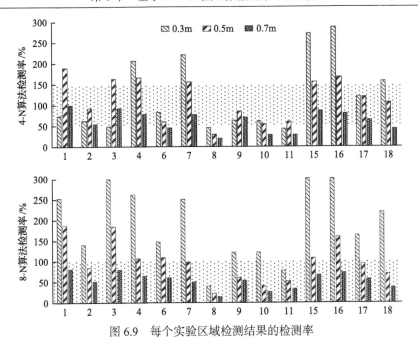

图 6.9　每个实验区域检测结果的检测率

表 6.3　不同分辨率下 4-N 梯度方向聚类算法和 8-N 梯度方向聚类算法在合适范围内的区域数量

分辨率/m	4-N 梯度方向聚类算法	8-N 梯度方向聚类算法
0.3	6	5
0.5	8	9
0.7	9	10

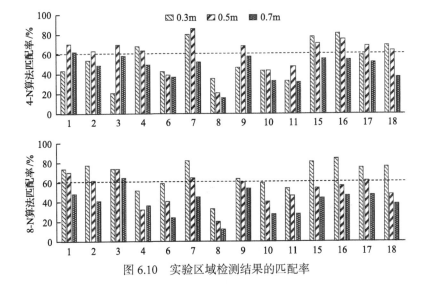

图 6.10　实验区域检测结果的匹配率

表 6.4　不同分辨率下 4-N 梯度方向聚类算法和 8-N 梯度方向聚类算法的匹配率在较优的区域数量

分辨率/m	4-N 梯度方向聚类算法	8-N 梯度方向聚类算法
0.3	5	9
0.5	10	5
0.7	1	1

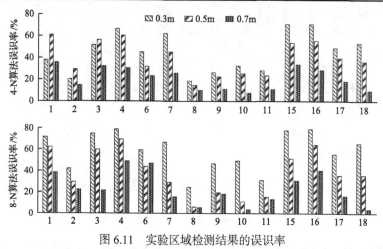

图 6.11　实验区域检测结果的误识率

的单木过多。当用 ALS 点云数据生成 0.7m 分辨率的 CHM 时，损失了太多梯度信息，且在这样低分辨率的情况下单木在 CHM 中也难以表现出密度特征，这给单木检测和筛选都带来了挑战。

实验区域检测结果的漏识率如图 6.12 所示。从图 6.12 的结果可知，在 0.3m 分辨率下，漏识率最小值为 16%。在 0.5m 分辨率下漏识率最小值为 17%，最大值为 80%。在 0.7m 分辨率下，漏识率普遍较高，最大值为 86%。

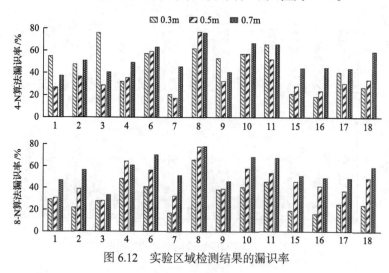

图 6.12　实验区域检测结果的漏识率

6.4.3　总体检测结果

表 6.5 展示了在 0.3m、0.5m 和 0.7m 分辨率下 4-N 梯度方向聚类算法和 8-N 梯度方向聚类算法在整个数据集上的检测结果。从表 6.5 可以看出，在 0.5m 分辨率下 4-N 梯度方向聚类算法取得了相对最优的结果。

表 6.5　两种聚类算法在不同分辨率下所有图像的检测结果

分辨率/m	算法	检测率均方根/%	匹配率均方根/%	误识率均方根/%	漏识率均方根/%	高度差均方根/m	水平距离差均方根/m	检测得分均方根
0.3	4-N	149	57	49	49	2.0	1.1	37
	8-N	249	68	62	36	2.0	1.0	41
0.5	4-N	124	63	42	42	1.9	1.0	43
	8-N	108	53	43	50	1.9	1.0	36
0.7	4-N	65	48	23	54	1.9	0.8	38
	8-N	59	42	28	60	1.8	0.9	32

文献[180]给出了目前存在的各种算法的检测结果。表 6.6 展示了各种单木检测算法的检测结果，序号为 9 的结果是本章算法在 0.5m 分辨率下 4-N 梯度方向聚类算法的检测结果。对于本章算法，以在 0.5m 分辨率下 4-N 梯度方向聚类算法检测最佳结果为例，可以发现，该算法在检测率均方根为 124% 的情况下，匹配率均方根高达 63%，远远高于其他检测算法；漏识率均方根为 42%，低于算法 3、算法 4、算法 5、算法 6；漏识率均方根为 42%，低于其他所有算法；1.9m 的高度差均方根略微高于其他算法；1.0m 的水平距离差均方根则处于平均水平。本章算法在整个数据集上取得了最高为 43 的检测得分均方根。综合来看，本章算法优于表 6.6 中目前已存在的 8 种检测算法。

表 6.6　各种单木检测算法的检测结果

序号	算法	检测率均方根/%	匹配率均方根/%	误识率均方根/%	漏识率均方根/%	高度差均方根/m	水平距离差均方根/m	检测得分均方根
1	LM+Filtering	51	45	9	59	1.6	0.9	40
2	LM+Region Growing	57	43	20	61	1.8	1.2	35
3	LLM+Multi CHM	101	46	61	57	1.7	0.7	28
4	LM+Watershed	86	49	49	55	1.6	1.1	32
5	Segment.+Clustering	139	53	95	51	1.7	1.0	27
6	LM(3×3)	154	54	113	51	1.6	0.9	25
7	LM(5×5)	52	41	16	63	1.8	1.1	34
8	Polyn. Fitting+ Watershed	54	44	13	59	1.8	1.1	38
9	4-N	124	63	42	42	1.9	1.0	43

6.4.4　不同森林类型的检测结果

表 6.7 展示了 0.5m 分辨率下 4-N 梯度方向聚类算法的检测结果。该算法在单层混合林(SL/M)和单层针叶林(SL/C)中取得了较高的检测率均方根、匹配率均方根和误识率均方根，而漏识率均方根则较低。检测得分均方根在单层混合林和单层针叶林中分别为 47 和 51。在多层混交林(ML/M)和多层针叶林(ML/C)中检测率均方根、匹配率均方根和误识率均方根较低，而漏识率均方根则较高。检测得分均方根在多层混交林和多层针叶林都为 39。从以上分析可以看出，本章算法在单层类型的森林中取得了更好的检测结果。出现这样结果的原因是 LiDAR 点云数据在计算 CHM 过程中包含了树冠顶层的信息，而多层森林中不同层次的信息则没有在 CHM 中获得足够的表达，因此本章算法难以检测低矮的树和被遮挡的树，对多层林的检测效果并不出色。

表 6.7　不同森林类型的检测结果

参数	SL/M	SL/C	ML/M	ML/C
检测率均方根/%	163	139	116	74
匹配率均方根/%	73	73	57	52
误识率均方根/%	54	44	41	30
漏识率均方根/%	27	27	48	50
高度差均方根/m	1.8	1.7	2.0	1.7
水平距离差均方根/m	1.1	1.0	0.9	1.1
检测得分均方根	47	51	39	39

6.5　本 章 小 结

本章主要介绍了基于梯度方向的聚类算法，结合 CHM 中点的高度值和梯度方向信息将同属一个树冠的锥形聚成一个簇来检测单木，该算法参数依赖性小，综合检测效果优于目前存在的检测算法。在检测过程中选择的 CHM 分辨率也会较大地影响检测结果，因此需要考察 LiDAR 点云数据中点的密度来选择合适的分辨率以取得较好的检测结果。另外，本章算法对于多层森林中树的检测依旧存在一定的不足，可以考虑结合三维点云数据来检测低矮树和被遮挡的树，优化多层森林中树的检测结果。

第7章 虚拟森林仿真系统的构件化集成技术

业务流程驱动的森林仿真构件组装与集成技术为虚拟森林仿真系统的快速构建提供了可能。本章基于构件思想架构虚拟森林仿真系统,设计森林仿真构件模型和构件接口,提出一种业务流程驱动的虚拟森林仿真构件组装与集成算法,并在虚拟森林仿真系统的构建中进行应用与探索。该算法将仿真系统中的业务模块进行构件化,实现基于构件的虚拟森林仿真系统快速搭建或集成,提高仿真软件的复用性,降低虚拟森林仿真系统的开发与集成难度。

7.1 虚拟森林仿真构件的设计

虚拟森林仿真构件的设计是构件化森林仿真系统设计中的关键,因为只有通过仿真构件的组合形成业务构件才能完成森林仿真。仿真构件的设计借鉴面向对象技术的思想,将具体的森林仿真业务逻辑模块进行封装,隐藏了其内部技术实现的细节,封装后的模块提供了一组公开的输入和输出接口。构件作为仿真系统中可替换的模块,降低了虚拟森林仿真系统的耦合度和生态模型的复杂程度。

构件的设计应遵循"抽象、逐步求精、信息隐蔽、功能独立"等思想和原则,构件的可重用性、互操作性、可扩充性、易移植性、通用性和可变性等特性成为必须充分考虑的问题。如图 7.1 所示,一个构件的设计主要包括构件规格、构件接口和构件实现三个重要部分。

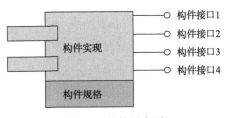

图 7.1 构件示意图

7.1.1 仿真构件规格

构件规格,也称为构件规约,用于描述构件的特征,以及如何使用和管理构件。构件模型作为构件精确描述的基础,主要通过对构件本质特征以及构件间关系的抽象刻画,对创建和实现构件起到指导作用,因此建立合适的构件模型是实现构件化复用的第一步[106,108,181]。参考 3C 模型、REBOOT 模型、青鸟模型等经典模型以及计算机软件构件复用属性规范，并结合森林仿真的具体特点，提出针对森林仿真的构件模型[182]。

定义 1：仿真构件(Simulation Component)是指森林仿真中能够独立完成一定仿真业务功能的可复用成分，通过构件基本信息、构件仿真语境、构件接口、构件关系、构件实现等来描述构件。

Simulation Component::= ⟨Component_Basicinfo, Simulation_Context, Component_Interface, Component_Relation, Component _Implementation⟩

仿真构件由构件基本信息、构件仿真语境、构件接口、构件关系、构件实现等组成。

定义 2：构件基本信息(Component_Basicinfo)主要是对构件最基本信息的描述，包括构件名称、构件作者、构件版本、提交日期、缩略图、详细描述等。

Component_Basicinfo::= ⟨ Component_Name, Component_Author, Component_Version, Submission_Date, Component_Thumbnail, Detail_Introduction, Memo ⟩

这些构件基本信息是构件的说明性信息，每个属性可以 "属性/值" 对来表示，仿真构件名称应能比较直观地概括构件的特性；森林仿真的很多模块都涉及图形图像元素，因此增加缩略图来直观地预览该构件；详细描述主要是对该构件所具有的功能、性能及其他可用性的描述。

定义 3：构件仿真语境(Simulation_Context)主要包括使用该仿真构件必须满足的前置条件和后置条件，以及该构件在整个仿真流程中所完成的业务功能及部署配置。

Simulation_Context::= ⟨ Pre_Condition, Post_Condition, Post_Con_Status, Business_Function, Deploy_Configuration ⟩

构件仿真语境的描述对整个仿真的进行起关键作用，当载入某些构件，其后置条件不满足时，将影响整个仿真过程的进行，可以通过后置条件的状态进行判断，如果其后置条件不满足，就需要重新选择其他构件。例如，树木几何模型构件的后置条件需要绘制构件来进行可视化，而如果当前绘制构件不存在或者不工作，将无法呈现仿真效果。本章将基于流水线式的构件组装，前置条件描述使该仿真构件正常工作已经满足的条件；后置条件的状态一般由其相关的构件关系来确定。

Business_Function::= ⟨Modeling⟩ | ⟨Calculation⟩ | ⟨Rendering⟩

业务功能将详细刻画该构件目前在整个森林仿真流程中所处的位置及其完成的业务功能，如完成树木三维网格的建模、树木模型的导入、纹理映射等，每个构件的功能类型将通过刻面分类的算法供用户在提交构件时进行选择性描述，这个重要的信息将用于构件组装过程中流程环节的识别。

定义 4：构件接口(Component_Interface)描述应该如何与构件交互，是仿真构件对外行为的描述，这里隐藏了仿真构件内部的具体实现细节，主要包括接口名称、接口类型、属性集合和操作集合等。

Component_Interface::= 〈 Interface_Name, Interface_Type, Attribution_Set, Operation_Set〉

实际上，接口可以独立于任何对其实现的构件存在，即一个接口可以由不同人员用不同技术实现，这种接口和实现的分离有助于利用构件技术来架构松耦合的森林仿真系统。接口类型通常包括依赖接口（In_Interface）和提供接口（Out_Interface）。

属性集合列出仿真构件的属性，主要用于对构件进行参数设置。

操作集合通常是一组算法的集合，用函数的形式来表示，包括函数名、参数列表、返回类型等。

Operation_Set::=〈Function_Name, Parameter_List, Return_Type〉

定义 5：构件关系（Component_Relation）描述仿真构件与其他构件的关系，包括构件关系名、相关构件和构件关系的详细描述。构件关系的详细描述将具体介绍这两个构件是如何联系在一起的。

Component_Relation::=〈Relation_Type, Related_Component，Relation_Detail〉

构件关系是指构件和其他构件之间的联系，主要有以下几种。

（1）协作关系（Collaboration）：指通过与其他构件相互协作共同完成任务，构件之间的协作有多种方式，如依赖关系、供给关系等。例如，地形或树木的三维模型构件要依赖纹理映射绘制构件来映射纹理细节，并通过 OpenGL 库的绘制函数进行绘制。

（2）版本关系（Version）：通常指由同一个模型算法构件所演化出的一系列构件之间的关系，如 L 系统派生出的随机 L 系统、开放式 L 系统、参数化 L 系统等，这些模型构件的本质都存在一定的共性。

（3）组合关系（Composition）：主要是指构件之间的相互包含关系，实际上包括组合和聚合两种关系，指小粒度构件通过组合形成大粒度构件。

定义 6：构件实现（Component_Implementation）主要描述仿真构件实现的相关内容，包括仿真构件形式、开发语言、开发环境、实现技术细节和构件实体资源等。

Component_Implementation::= 〈 Component_Form, Development_Language, Development_Environment, Implementation_Detail, Component_Entity〉

由于森林仿真的研究通常对一些经典模型进行优化，所以提供了仿真构件实现的具体描述，包括具体的算法结构等，使用户能根据该描述对一些模型构件进行个性化修改。构件实体资源是构件的具体实现部分，是完成一定业务功能模块的软件封装体，用户可以上传、下载或在组装过程中动态载入这些构件实体。

在森林仿真构件模型的设计上，一般是先满足其强表达能力的要求，以便能充分描述构件，然后考虑尽可能简单、直观，从而利于对仿真构件的理解和使用，为后期的构件实现和组装提供指导原则。

7.1.2 仿真构件接口

仿真构件接口是对构件所提供服务的抽象描述，提供了访问构件服务的接口。构件接口规格说明作为构件与外界的一种"通信契约"，必须能够描述构件所实现的功能。构件接口和构件实现通常被分开，这是基于构件来实现可装配、可替换、可组合森林仿真的基础。

虚拟森林仿真系统由仿真构件组合而成，因此每个构件需实现一个或多个接口，每个接口通常定义了若干接口函数。构件接口描述为 Component_Interface ::= 〈Interface_Name, Interface_Type, Attribution_Set, Operation_Set〉，接口类型通常包括依赖接口（In_Interface）和提供接口（Out_Interface）。

依赖接口（In_Interface），也称为请求接口或输入接口，描述构件 A 为完成其自身功能接受外界或构件 B 所提供服务或数据的接口。

提供接口（Out_Interface），也称为供应接口或输出接口，是构件提供服务或数据的输出接口。

森林仿真构件与外界的交互如图 7.2 所示，主要存在三种形式：构件与构件之间、构件与组装框架之间、构件与用户之间。构件接口将作为桥梁提供连接机制。构件与用户之间的交互主要是一些参数的设定及信息反馈，接口所传递的信息通常是属性值；构件与组装框架之间的交互通常是指组装框架在仿真流程的不同阶段将符合该阶段业务功能需求的构件装配到框架中，通常是指业务构件与整个仿真应用的关系。

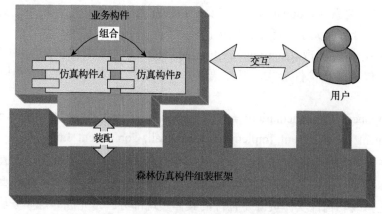

图 7.2　森林仿真构件与外界的交互

　　构件接口的定义通常为两个具有关联关系的构件进行交互提供了通信规则：Component_Relation::=〈Relation_Type, Related_Component, Relation_Detail〉，如图 7.2 所示，仿真构件 A 的 Interface_Type=Out_Interface，仿真构件 B 的 Interface_Type=In_Interface，且仿真构件 A 和仿真构件 B 的 Component_Relation = Collaboration，即两者是协作关系，仿真构件 A 提供的值是仿真构件 B 所需要的，则两者通过接口来传递数据或服务。

　　下面将以三维地形的生成过程为例来介绍构件接口的使用。地形建模使用三角网格模型构件 CompTerrainModel，绘制采用纹理映射构件 CompTextureRendering，两者通过接口来协作完成地形的建模可视化。图 7.3（a）是由 CompTerrainModel 构件生成的地形网格，而地形的最终生成需要经过绘制构件 CompTextureRendering 来处理。

　　三角网格地形构件 CompTerrainModel 的输出接口 Out_Interface 提供了该模型的三角网格数据，绘制构件 CompTextureRendering 的输入接口 In_Interface 通过接口函数 Get_The_Terrian_Data() 获取 CompTerrainModel 输出接口所能提供的参数值，并结合图 7.3（b）的地形纹理，来完成地形的映射和绘制，生成如图 7.3（c）所示的三维地形。

(a) 地形网格　　　　　(b) 地形纹理　　　　　(c) 三维地形

图 7.3　三维地形生成过程

　　由于森林仿真涉及多种交互，在设计仿真构件接口时，遵循两条准则：①定义应尽可能灵活，以支持互操作；②接口要充足，可以预留一些未被实现的接口供扩展功能使用。用于构件组装的框架上设计的每个接口通常有多种实现，可以在不断变化中随需应变，因为基于该框架的业务构件通常可以由不同的仿真构件组合而成，例如森林场景地形的生成，可以采用不同的模型和不同的纹理实现。因此，组装框架应当提供较详尽的构件交互规则，并基于这些规则实现类似容器的标准环境。接口使得设计与实现分开，构件组装者不需要过多关心构件的内部实现，但构件接口的描述（表达能力和完整性）应该足够完备，因为这将是构件使用者依赖的信息来源。

7.1.3　仿真构件实现

　　森林仿真构件的实现借鉴面向对象（object-oriented）的优秀特点：封装和聚合，即对森林仿真中的业务逻辑进行封装，业务构件的实现通常是通过仿真构件的组合来完成的，因此本章主要是针对仿真构件进行封装实现的。在森林仿真中，最具可替换性的是各种仿真模型。本章通过提取出的地形模型、天空模型、树木个体生长模型、植物间相互作用模型、森林动态演变模型等进行抽象归纳，提取特征参数，基于灵活的接口设计，封装这些模型的内部逻辑，甚至将一些可视化算法分解成恰当规模和结构的模块并封装成构件。

考虑到基于组装框架完成构件组装，需要动态插入或替换仿真构件，因此仿真构件实体最好是不需要重新编译的，也不局限于某种语言，尽可能采用二进制标准来封装[168]。编译之后的构件以二进制形式发布，可以独立部署，又能在集成环境下运行，也就是实现基于接口的构件复用，而不是源代码级别的复用。通常要对源码进行编译打包，封装成如下几种常见的二进制形式：

〈二进制|BIN〉::=〈DLL〉|〈LIB〉|〈COM|DCOM〉|〈ActiveX〉|〈CORBA〉|〈JAR〉|〈OTHER〉

静态库(library, LIB)在编译时调用；动态链接库(dynamic link library, DLL)可以定义要公开的函数名称，在运行时调用；公共对象请求代理体系结构(common object request broker architecture, CORBA)需要使用接口定义语言(interface definition language, IDL)定义接口，使用 IDL 编译器得到 Stub 和 Skeleton，然后使用相应语言的编译器实现 CORBA 构件；JAR 包是与平台无关的文件格式，但需要 Java 虚拟机的支持。

构件并非一定要用面向对象语言来编写，任何一种可以实现构件标准接口和所需功能的语言都可以用来编写构件。构件组装时只需要按照构件的标准接口来实现构件。通常由于面向对象语言针对具有复杂逻辑的业务可以清晰地定义接口，而且具有封装性、继承性等特点，能有力地支持复用，所以应尽可能采用面向对象语言来封装。

7.2　业务流程驱动的虚拟森林仿真构件组装与集成算法

在森林仿真构件组装与集成过程中，需要一个支撑框架来组织这些仿真构件，并指导这些构件的交互和协作，从而完成森林仿真应用的构建与集成。目前，构件组装仍然缺乏通用工具与算法，本章采用多种构件协作方式相结合，以框架为主导的构件组装策略。仿真构件组装框架作为森林仿真构件组装与集成的蓝图，主要解决构件互操作问题，是一些相互合作的类的集合，包含仿真流程以及一些设计决策。仿真构件基于框架的指导发生交互，从而支持各种独立构件进行有效的协作，并最终组装得到森林仿真应用。

7.2.1　仿真构件组装框架设计

森林仿真构件组装框架是构件相互协作以及构件组装的支撑结构。该平台可以理解为是一种大粒度的、抽象级别较高的构件，是对仿真系统架构中表示层和数据层的封装，它为仿真构件的组装提供了基础和上下文。本章按照森林仿真的核心业务流程从仿真系统中分解出几个重要的业务模块：地形模块、天空模块、植物模块、特效模块等，并将这些业务构件剥离出来，形成一种插槽式的框架，如图 7.4 所示，这些业务模块作为可替换的构件接入框架中，并基于业务流程驱动的总线型框架来完成协作与组装工作。

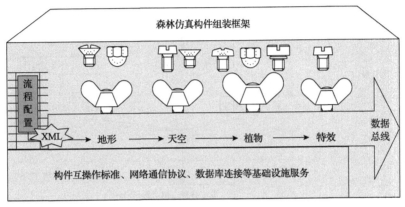

图 7.4　森林仿真构件组装框架概图

森林仿真构件组装框架的设计是基于产品线、框架技术、业务流程驱动、服务总线等思想的，目的是提供一个通用的、可定制的森林仿真快速组装平台，提供一系列的构件接入点为构件组装提供支持，用户可以根据不同的仿真需求通过选配合适的仿真构件来快速集成森林仿真应用。

森林仿真构件组装框架提供构件连接和交互协议的严格定义，并基于数据总线来共享核心数据、控制仿真流程等。本章参考体系结构描述语言 ADL 将基于组装框架的森林仿真系统架构描述为：系统架构 ={Component, Connector, Configuration}[183]。

Component(构件)：指从森林仿真系统中剥离出来的一些核心模块，完成每个业务模块的可以是一个单独的构件，通常由多个小粒度的仿真构件组成。

Connector(连接子)：在框架平台上针对业务构件设立插槽式接口，是基于策略模式思想的，即针对同一问题往往存在一系列可以相互替换的解决方案。本章将每种方案封装成构件，这些构件具有相同的接口或经过适配后可以使用，从而使得这些森林仿真构件可以相互替换。这是由于森林场景的地形、树木往往都可通过多种可视化算法进行建模，可以将这些算法封装成构件，在组装过程中随需装配，从而可以快速响应森林仿真领域的个性化需求，实现仿真应用的高度可定制和可配置。基于构件组装与集成的森林仿真流程如图 7.5 所示。

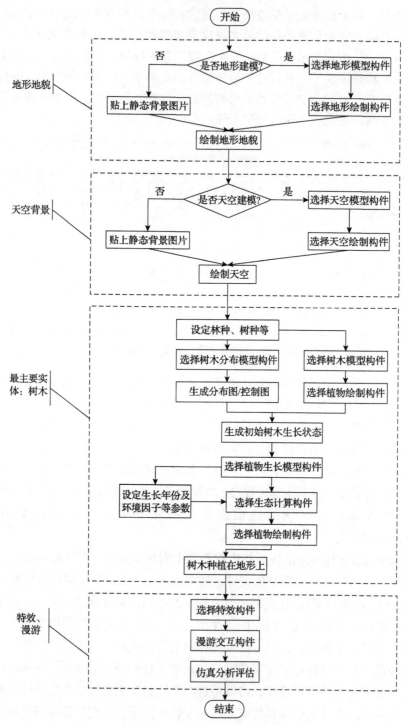

图 7.5　基于构件组装与集成的森林仿真流程

　　Configuration（配置）：框架平台中的服务总线是基于森林仿真业务流程驱动的，提供构件接口机制和交互规则，并保证不同模块之间的衔接。该框架通过配置流程和制定的构件交互规则，实现不同层次构件之间的数据传递，从而可以保证组装的流程化以及构件与底层系统的交互。平台的底层基础设施提供构件互操作的标准、通信协议、数据库连接等支撑。

　　该组装框架的设计体现了开放性、可配置性、可插拔性、可扩展性等优点。森林仿真应用的搭建通过基于业务流程驱动的构件的协作和装配来完成，使得森林仿真研究的关注点将不再是具体仿真算法技术的实现，而是在于如何提取并设计灵活的构件，并利用这些仿真构件来实现快速装配。

7.2.2　仿真构件组装与集成

　　在虚拟森林仿真过程中，不同仿真系统的仿真流程非常相似，而构建每个场景实体时采用的模型、算法或技术往往有很多种[182]。因此，本节分析森林生长仿真的业务流程，并将其作为贯彻森林构件组装框架的主线，其构件化的森林仿真流程如图 7.6 所示。在仿真流程的不同阶段，根据应用目标的不同，可以选择不同的构件。地形生成阶段可以选择三角网络模型构件、规则网格模型构件或者采用不同分形技术的模型构件；天空生成阶段可以选择半球顶模型构件或天空盒模型构件等；树木生成时可以选择不同的形态模型构件以及不同的生长模型构件。因此，通过在仿真流程的不同阶段选择不同的构件，可以快速搭建面向不同应用目标的森林场景仿真。

　　基于构件组装框架的森林仿真集成是以选取仿真构件装配为主，本章利用构件模型来描述基于仿真流程驱动的构件装配过程。表 7.1 为构件组装与集成过程中涉及的主要构件模型变量和参数，这些参数用来描述基于业务流程驱动的构件化森林场景组装过程。图 7.6 和图 7.7 详细描述了基于框架的森林仿真构件组装过程，该组装过程将使用表 7.1 所示的参数。在整个仿真过程中，地形（CompTerrain）、天空（CompSky）、树木（CompTree）可以作为相对独立的业务构件来分别生成，而这些业务构件往往是通过仿真构件的组合来完成的。这三个业务构件基于组装框架通过彼此协作来完成整个森林场景的构建，如地形（CompTerrain）和天空（CompSky）通过彼此的边界值来完成协作，防止天空和地形之间出现裂痕等；树木（CompTree）和天空（CompSky）的协作要考虑树木应置于天空前段，并且保证树木不能种植于天空上；树木（CompTree）与地形（CompTerrain）将通过树木根部坐标值与地形网格点坐标值的匹配来实现交互，防止出现树木埋入过深或飘浮在空中的现象。

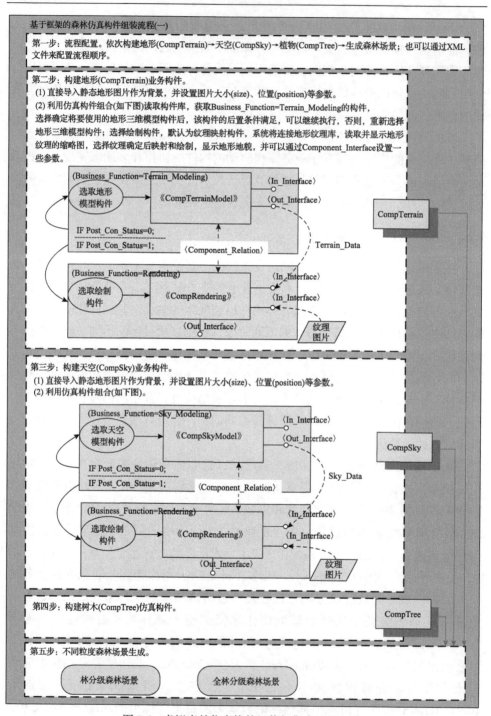

图 7.6　虚拟森林仿真构件组装与集成过程(一)

表 7.1　构件组装与集成过程中涉及的主要构件模型变量和参数

属性	子属性	取值	功能描述
Simulation_Context	Business_Function	Terrain_Modeling	用于建立地形三维模型
		Sky_Modeling	用于建立天空三维模型
		Tree_Modeling (Tree_Morphology_Model, Tree_Growth_Model)	用于植物建模,又具体分为 形态、生长模型
		Calculation	用于生态计算等
		Rendering	用于绘制渲染
	Post_Con_Status	0	表示该构件后置条件不满 足,不能继续执行
		1	表示该构件后置条件满足, 或者不需要后置条件
Component_Interface	Interface_Type	In_Interface	输入接口
		Out_Interface	输出接口
	Attribution_Set	〈{…} … {…}〉	属性集合
	Operation_Set	〈Funca(),Funcb(),…〉	操作集合
Component_Relation	Relation_Type	Collaboration	相互协作关系
		Version	版本关系
		Composition	组合关系
	Related_Component		关联构件
Component_Implementation	Component_Entity		构件实体用于组装

在图 7.6 和图 7.7 所示的森林仿真构件组装过程中,构件组装时首先将符合森林仿真业务流程的仿真构件从存储构件的数据库中读取并载入,然后装配成仿真系统的功能模块。一般尽量将仿真构件绑定成较大的业务构件,再根据构件的接口进行装配。当用户在仿真过程中更换各种模型或算法时,只需替换该模型构件,而不需要牵涉其他模块,基于框架平台的组装将充分支持仿真构件的动态更替。当组装构件时,有时必须编写连接代码,这些代码消除了构件间接口不兼容的问题,同时为系统提供了统一的异常处理机制。

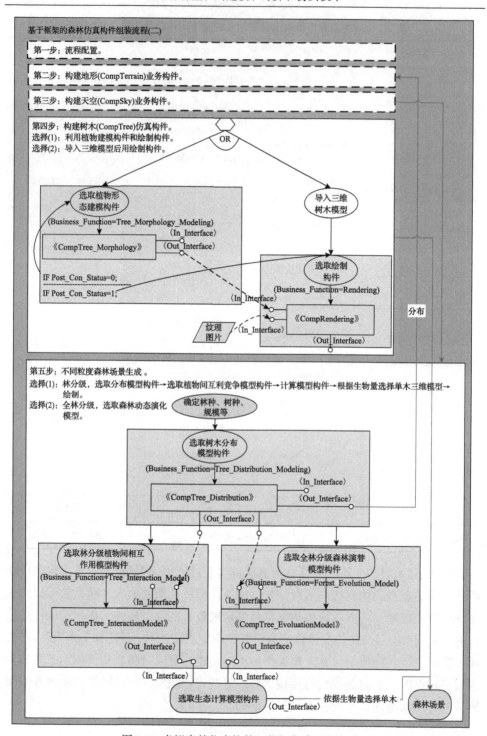

图 7.7　虚拟森林仿真构件组装与集成过程(二)

7.3 本 章 小 结

针对虚拟森林仿真应用系统的快速搭建和集成问题，本章提出了业务流程驱动的虚拟森林仿真构件组装与集成算法，并在虚拟森林仿真系统中进行应用。本章面向虚拟森林仿真构件模型提出了构件接口描述与构件封装算法，并设计了虚拟森林仿真构件组装框架。该组装框架是基于仿真流程驱动的插槽式平台，为构件组装提供上下文环境，使得虚拟森林仿真系统主要环节的模型算法可以动态替换，具有良好的可扩展性和可维护性。

参 考 文 献

[1] 胡包钢, 赵星, 严红平, 等. 植物生长建模与可视化: 回顾与展望[J]. 自动化学报, 2001, 27(6): 816-835.

[2] 徐宝祥, 叶培华. 知识表示的方法研究[J]. 情报科学, 2007, 25(5): 690-694.

[3] 冯培恩, 刘谨. 专家系统[M]. 北京: 机械工业出版社, 1993.

[4] Lindenmayer A. Mathematical models for cellular interactions in development, part I[J]. Jounal of Theoretical Biology, 1968, 18(3): 280-299.

[5] Prusinkiewicz P, Lindenmayer A. The Algorithmic Beauty of Plants[M]. New York: Springer, 1990.

[6] Karwowski R M. Improving the process of plant modeling: The L+C modeling language[D]. Calgary: University of Calgary, 2002.

[7] Lintermann B, Deussen O. A modelling method and user interface for creating plants[J]. Computer Graphics Forum, 1998, 17(1): 73-82.

[8] 马新明, 杨娟, 熊淑萍, 等. 植物虚拟研究现状及展望[J]. 作物研究, 2003, 17(3): 148-151.

[9] 席磊, 张丽, 张慧, 等. 农业专家系统中知识表示技术的研究[J]. 河南师范大学学报(自然科学版), 2006, 34(3): 43-47.

[10] 王宽全. 面向对象的知识表示方法[J]. 计算机科学, 1994, 21(1): 55-58.

[11] 彭琳, 杨林楠, 张丽莲. 基于面向对象知识表示的农业专家系统的设计[J]. 农机化研究, 2007, 29(2): 166-168,196.

[12] 冯志勇, 李文杰, 李晓红. 本体论工程及其应用[M]. 北京: 清华大学出版社, 2007.

[13] Gruber T R. A translation approach to portable ontology specifications[J]. Knowledge Acquisition, 1993, 5(2): 199-220.

[14] 陈刚, 陆汝钤, 金芝. 基于领域知识重用的虚拟领域本体构造[J]. 软件学报, 2003, 14(3): 350-355.

[15] 陆汝钤, 石纯一, 张松懋, 等. 面向 Agent 的常识知识库[J]. 中国科学(E 辑), 2000, 30(5): 453-463.

[16] 曹存根, 眭跃飞, 孙瑜, 等. 国家知识基础设施中的数学知识表示[J]. 软件学报, 2006, 17(8): 1731-1742.

[17] 曹宇峰, 曹存根. 基于本体的中医舌诊知识的获取[J]. 计算机应用研究, 2006, 23(3): 31-34.

[18] 周肖彬, 曹存根. 基于本体的医学知识获取[J]. 计算机科学, 2003, 30(10): 35-39, 54.

[19] 陆汝钤. 知识科学与计算科学[M]. 北京: 清华大学出版社, 2003.

[20] 范宽. 基于语义本体的中医药科学数据共建工程[D]. 杭州: 浙江大学, 2006.

[21] 汤萌芽. 中医药本体工程及相关应用[D]. 杭州: 浙江大学, 2007.

[22] Jaiswal P, Avraham S, Ilic K, et al. Plant ontology(PO): A controlled vocabulary of plant structures and growth stages[J]. Comparative and Functional Genomics, 2005, 6(7-8): 388-397.

[23] de Reffye P, Edelin C, Franqon J, et al. Plant models faithful to botanical structure and development[J]. ACM SIGGRAPH Computer Graphics, 1988, 22(4): 151- 158.

[24] Reeves W T. Particle systems—A technique for modeling a class of fuzzy objects[J]. ACM SIGGRAPH Computer Graphics, 1983, 17(3): 359-375.

[25] Peng C H. Growth and yield models for uneven-aged stands: Past present and future[J]. Forest Ecology & Management, 2000, 132(2-3): 259-279.

[26] 唐守正, 李希菲, 孟昭和. 林分生长模型研究的进展[J]. 林业科学研究, 1993, (6): 672-679.

[27] Usher M B. A matrix approach to the management of renewable resources, with special reference to selection forests-two extensions[J]. Journal of Applied Ecology, 1966, 7: 355-357.

[28] 邵国凡. 红松人工林单木生长模型的研究[J]. 东北林业大学学报, 1985, (3): 38-46.

[29] 孟宪宇, 邱水文. 长白落叶松直径分布收获模型的研究[J]. 北京林业大学学报, 1991, 13(4): 9-16.

[30] Dale V H, Doyle T W, Shugart H H. A comparison of tree growth models[J]. Ecological Modelling, 1985, 29(1-4): 145-169.

[31] 桑卫国, 马克平, 陈灵芝, 等. 森林动态模型概论[J]. 植物学通报, 1999, 16(3): 193-200.

[32] Prentice I C. Vegetation responses to past climatic variation[J]. Vegetatio, 1986, 67(2): 131-141.

[33] Prentice I C, Helmisaari H. Silvics of north European trees: Compilation, comparisons and implications for forest succession modelling[J]. Forest Ecology and Management, 1991, 42(1-2): 79-93.

[34] Clements F E. Nature and structure of the climax[J]. The Journal of Ecology, 1936, 24(1): 252-284.

[35] Cleason H A. The individualistic concept of the plant association[J]. American Midland Naturalist, 1939, 21(1): 92-110.

[36] Tansley A G. The use and abuse of vegetational concepts and terms[J]. Ecology, 1935, 16(3): 284-307.

[37] Watt A S. Pattern and process in the plant community[J]. The Journal of Ecology, 1947, 35 (1/2): 1-22.

[38] Waggoner P E, Stephens G R. Transition probabilities for a forest[J]. Name, 1970, 225(5238): 1160-1161.

[39] Horn H S. Forest succession[J]. Scientific American, 1975, 232(5): 90-98.

[40] Cody M L, Diamond J M. Ecology and Evolution of Communities[M]. Cambridge: Harvard University Press, 1975.

[41] van Hulst R. On the dynamics of vegetation: Markov chains as models of succession[J]. Vegetatio, 1979, 40(1): 3-14.

[42] Botkin D B, Janak J F, Wallis J R. Some ecological consequences of a computer model of forest growth[J]. Journal of Ecology, 1972, 60: 849-872.

[43] Farina A. Principles and methods in landscape ecology[J]. Austral Ecology, 2006, 33(3): 35-49.

[44] Turner M G, Gardner R H, O' Neill R. Landscape ecology in theory and practice[J]. Geography, 2003, 83(5): 22-34.

[45] 傅伯杰. 景观生态学原理及应用[M]. 北京: 科学出版社, 2001.

[46] Cournède P H, Guyard T, Bayol B, et al. A forest growth simulator based on functional-structural modelling of individual trees[C]. 3rd International Symposium on Plant Growth Modeling, Simulation, Visualization and Applications, Beijing, 2010: 34-41.

[47] Govindarajan S, Dietze M, Agarwal P K, et al. A scalable simulator for forest dynamics[C]. Proceedings of the 20th ACM Symposium on Computational Geometry, New York, 2004: 106-115.

[48] Coates K D, Canham C D, Lepage P T. Above-versus below-ground competitive effects and responses of a guild of temperate tree species[J]. Journal of Ecology, 2009, 97(1): 118-130.

[49] Lindenmayer A. Mathematical models for cellular interaction in development, part II[J]. Journal of Theoretical Biplogy, 1968, 18(3): 300-315.

[50] Barnsley M F, Demko S. Iterated function systems and the global construction of fractals[J]. Proceedings of the Royal Society A: Mathematical, Physical and Engineering Sciences, 1985, 399(1817): 243-275.

[51] Barnsley M F, Elton J H, Hardin D P. Recurrent Iterated Function Systems[M]. Boston: Springer, 1989.

[52] Prusinkiewicz P, Hanan J. Lindenmayer Systems, Fractals, and Plants[M]. New York: Springer, 1989.

[53] Martyn T. Realistic rendering 3D IFS fractals in real-time with graphics accelerators[J]. Computers & Graphics, 2010, 34(2): 167-175.

[54] Godin C, Caraglio Y. A multiscale model of plant topological structures[J]. Journal of Theoretical Biology, 1998, 191(1): 1-46.

[55] 赵星, 熊范纶, 胡包钢, 等. 虚拟植物生长的双尺度自动模型[J]. 计算机学报, 2001, 24(6): 608-615.

[56] Reeves W T, Blau R. Approximate and probabilistic algorithms for shading and rendering structured particle systems[J]. ACM SIGGRAPH Computer Graphics, 1985, 19(3): 313-322.

[57] Weber J, Penn J. Creation and rendering of realistic trees[C]. Proceedings of the 22nd Annual Conference on Computer Graphics and Interactive Techniques, New York, 1995: 119-128.

[58] Lintermann B, Deussen O. Interactive modeling of plants[J]. IEEE Computer Graphics and Applications, 1999, 19(1): 56-65.

[59] 舒娱琴. 基于林分生长规律的虚拟森林环境的构建研究[D]. 武汉: 武汉大学, 2004.

[60] Joseph K B, David J B, Craig U. Visualization realistic landscape[EB/OL]. http://www.geoplace. com/gw/1998/ 0898/898vis.asp[2012-5-18].

[61] Kajiya J T, Kay T L. Rendering fur with three dimensional textures[J]. ACM SIGGRAPH Computer Graphics, 1989, 23(3): 271-280.

[62] Neyret F. Modeling animating and rendering complex scenes using volumetric textures[J]. IEEE Transactions on Visualization and Computer Graphics, 1998, 4(1): 55-70.

[63] 刘峰. 大规模森林场景的实时绘制及动态模拟[D]. 杭州: 浙江大学, 2011.

[64] 屠建军, 王璐, 屠长河, 等. 基于 GPU 的网格模型平滑阴影的实时绘制[J]. 计算机辅助设计与图形学学报, 2011, 23(1): 138-143.

[65] Hoppe H. Progressive meshes[C]. Proceedings of the 23rd Annual Conference on Computer Graphics & Interactive Techniques, New York, 1996: 99-108.

[66] Garland M, Heckbert P S. Surface simplification using quadric error metrics[C]. Proceedings of the 24th Annual Conference on Computer Graphics and Interactive Techniques, New York, 1997: 209-216.

[67] Wei J, Lou Y. Feature preserving mesh simplification using feature sensitive metric[J]. Journal of Computer Science and Technology, 2010, 25(3): 595-605.

[68] Gao S M, Zhao W, Lin H W, et al. Feature suppression based CAD mesh model simplification[J]. Computer-Aided Design, 2010, 42(12): 1178-1188.

[69] 赵勇, 肖春霞, 石峰, 等. 保细节的网格刚性变形方法[J]. 计算机研究与发展, 2010, 47(1): 1-7.

[70] 金勇, 吴庆标, 刘利刚. 基于变分网格的曲面简化高效方法[J]. 软件学报, 2011, 22(5): 1097-1105.

[71] Remolar I, Chover M, Ribelles J, et al. View-dependent multiresolution model for foliage[J]. Journal of WSCG, 2003, 11(1): 370-378.

[72] Zhang X P, Blaise F, Jaeger M. Multiresolution plant models with complex organs[C]. Proceedings of the ACM International Conference on Virtual Reality Continuum and Its Applications, Hong Kong, 2006: 331-334.

[73] Deng Q Q, Zhang X P, Yang G, et al. Multiresolution foliage for forest rendering[J]. Computer Animation & Virtual Worlds, 2010, 21(1): 1-23.

[74] 刘峰, 华炜, 鲍虎军. 基于深度网格的大规模森林场景的动态模拟[J]. 计算机辅助设计与图形学学报, 2010, 22(10): 1701-1708.

[75] 蔡龙, 马秀丽, 张开翼, 等. 基于可见性裁剪的地形数据流式传输策略[J]. 计算机工程, 2010, 36(13): 283-285.

[76] 杨炳祥. 实时三维漫游系统中关键技术研究与实现[D]. 西安: 西安电子科技大学, 2009.

[77] 靳雁霞, 秦志鹏, 李照. 融合 R-Sphere 包围球的变形体碰撞检测方法[J]. 计算机工程与设计, 2017, 38(1): 92-96.

[78] 杨莹, 冯立颖, 赵静, 等. 基于分块和包围球误差函数的地形绘制方法[J]. 计算机工程, 2010, 36(15): 199-201.

[79] 赵吉. 一种混合层次包围盒的刚体碰撞检测方法设计与实现[D]. 湘潭: 湖南科技大学, 2015.

[80] 孙巍, 刘金义. 基于物体级 BSP 树的大规模室外场景渲染[J]. 微处理机, 2010, 31(6): 67-70, 74.

[81] 黄河, 史忠植, 郑征. 基于形状特征 k-d 树的多维时间序列相似搜索[J]. 软件学报, 2006, 17(10): 2048-2056.

[82] 宋涛, 欧宗瑛, 王瑜, 等. 八叉树编码体数据的快速体绘制方法[J]. 计算机辅助设计与图形学学报, 2005, 17(9): 1990-1996.

[83] 张敏, 张怀清, 陈永富. 虚拟森林环境构建研究[J]. 林业科学研究, 2008, 21(S1): 55-59.

[84] 戴晨光, 邓雪清, 张永生. 海量地形数据实时可视化方法[J]. 计算机辅助设计与图形学学报, 2004, 16(11): 1603-1607.

[85] 高宇, 魏迎梅, 吴玲达. 大规模外存场景的交互绘制[J]. 计算机辅助设计与图形学学报, 2007, 19(6): 792-797.

[86] 张淑军, 周忠, 郭威, 等. 基于运动估算的多分辨率地形分块调度方法[J]. 计算机辅助设计与图形学学报, 2009, 21(7): 880-885.

[87] Yoon S E, Lindstrom P, Pascucci V, et al. Cache-oblivious mesh layouts[C]. Proceedings of ACM SIGGRAPH, New York, 2005: 886-893.

[88] Yoon S E, Lindstrom P. Mesh layouts for block-based caches[J]. IEEE Transactions on Visualization and Computer Graphics, 2006, 12(5): 1213-1220.

[89] 田丰林, 华炜, 鲍虎军. 面向交互的场景外存调度和空间剖分方法[J]. 计算机学报, 2009, 32(8): 1589-1595.

[90] 郑笈, 李思昆, 陆筱霞. 大规模场景绘制的存储数据调度组织研究[C]. 中国科学技术协会年会, 武汉, 2007: 313-318.

[91] Yoon S E, Lindstrom P. Random-accessible compressed triangle meshes[J]. IEEE Transactions on Visualization and Computer Graphics, 2007, 13(6): 1536-1543.

[92] 范菁, 孙思昂, 董天阳. 面向森林动态生长过程的场景系统设计和实现[J]. 计算机应用研究, 2008, 25(9): 2872-2874.

[93] 徐丙立, 龚建华, 林珲. 基于 HLA 的分布式虚拟地理环境系统框架研究[J]. 武汉大学学报 (信息科学版), 2005, 30(12): 1096-1099.

[94] 孙思昂. 基于 HLA 的动态森林生长仿真原型系统研究与设计[D]. 杭州: 浙江工业大学, 2007.

[95] 唐丽玉, 陈崇成, 王钦敏, 等. 基于 HLA 的虚拟森林环境构建[C]. 第六届全国地图学与 GIS 学术会议, 武汉, 2006: 1-6.

[96] 冯晓刚, 唐丽玉, 陈崇成, 等. 基于 HLA 的森林灭火仿真系统的研究[J]. 系统仿真学报, 2007, 19(3): 552-559.

[97] 林开辉, 陈崇成, 唐丽玉, 等. 基于 HLA 的森林灭火仿真系统的关键技术研究[J]. 系统仿 真学报, 2006, 18(S1): 88-91.

[98] 赵新爽, 刘忠, 黄金才. 基于 MDA 的仿真系统开发架构研究[J]. 微计算机信息, 2006, 22(13): 296-298.

[99] 段峥嵘, 陆守一. 组件式 GIS 及其在森林资源信息管理中的应用[J]. 林业资源管理, 2003, (3): 50-53.

[100] 叶劲松, 陆守一, 孙美娟, 等. 基于组件的网络化森林资源信息集成系统的研建[J]. 农业 网络信息, 2005, (6): 36-38.

[101] 丁维龙, 熊范纶, 张友华. 基于构件的植物三维结构模拟模型[J]. 小型微型计算机系统, 2004, 25(9): 1624-1627.

[102] 丁维龙, 熊范纶. 植物模拟组件的设计与实现[J]. 中国科学技术大学学报, 2003, 33(6): 742-748.

[103] 姜海燕, 朱艳, 徐焕良, 等. 作物模型资源构造平台(CMRCP)的构建研究[J]. 农业工程学 报, 2008, 24(2): 170-175.

[104] 王忠芝, 胡逊之. 基于Xfrog的树木建模及生长模拟[J]. 北京林业大学学报, 2009, 31(S2): 64-68.

[105] 温昱. 软件架构设计[M]. 北京: 电子工业出版社, 2007.

[106] 赵海燕, 张伟, 麻志毅. 面向复用的需求建模[M]. 北京: 清华大学出版社, 2008.

[107] 黄罡, 张路, 周明伟. 构件化软件设计与实现[M]. 北京: 清华大学出版社, 2008.

[108] 谢冰, 王亚沙, 李戈, 等. 面向复用的软件资产与过程管理[M]. 北京: 清华大学出版社, 2008.

[109] 范菁, 董天阳, 余青. 面向虚拟森林仿真的多层场景引擎设计[J]. 计算机工程, 2009, 35(9): 255-257.

[110] 彭仪普. 地形三维可视化及其实时绘制技术研究[D]. 成都: 西南交通大学, 2002.

[111] Musgrave F K, Kolb C E, Mace R S. The synthesis and rendering of eroded fractal terrains[J]. ACM SIGGRAPH Computer Graphics, 1989, 23(3): 41-50.

[112] 乔木. 基于 OpenGL 的虚拟场景建模技术的研究[D]. 郑州: 郑州大学, 2005.

[113] Ophone 3D 开发之天[EB/OL]. http://www.ophonesdn.com/article/show/311[2011-4-1].

[114] 刘海. 大规模森林景观可视化模拟技术研究[D]. 北京: 中国林业科学研究院, 2015.

[115] 郭雪. 大规模植被场景实时绘制技术的研究与实现[D]. 北京: 北京林业大学, 2014.

[116] 张春雨, 赵秀海, 王新怡, 等. 长白山自然保护区红松阔叶林空间格局研究[J]. 北京林业大学学报, 2006, 28(S2): 45-51.

[117] 欧祖兰, 苏宗明, 李先琨, 等. 元宝山冷杉群落学特点的研究[J]. 广西植物, 2002, 22(5): 399-407.

[118] 史军辉, 黄忠良, 周小勇, 等. 鼎湖山针阔混交林木本植物种群的空间分布特征[J]. 南京林业大学学报(自然科学版), 2006, 30(5): 34-38.

[119] Horridge M, Knublauch H, Rector A, et al. A practical guide to building owl ontologies using the protege-owl plugin and co-ode tools edition 1.0[EB/OL]. http://protege.stanford.edu/overview/protege-owl.html[2021-5-18].

[120] 杨保明, 刘晓东, 姚兰. 基于本体论的农业知识的 OWL 描述[J]. 微电子学与计算机, 2007, 24(5): 58-60.

[121] 汪晨, 俞家文, 陆阿涛. OWL 及其在 Ontology 建模中的应用研究[J]. 情报杂志, 2007, 26(6): 63-64, 67.

[122] 周云龙. 植物生物学[M]. 2 版. 北京: 高等教育出版社, 2004.

[123] Prusinkiewicz P. Visual models of plants interacting with their environment[C]. Proceedings of ACM SIGGRAPH, New Orleans, 1996: 397-410.

[124] 邓擎琼, 张晓鹏, 雷相东. 光照对数字树木生长影响研究综述[J]. 中国体视学与图像分析, 2007, 12(2): 138-146.

[125] Lam Z, King S A. Simulating tree growth based on internal and environmental factors[C]. Proceedings of the 3rd International Conference on Computer Graphics and Interactive Techniques in Australasia and Southeast Asia, Dunedin, 2005: 99-107.

[126] 尚玉昌. 普通生态学[M]. 2 版. 北京: 北京大学出版社, 2002.

[127] 侯爱敏, 周国逸, 彭少麟. 鼎湖山马尾松径向生长动态与气候因子的关系[J]. 应用生态学报, 2003, 14(4): 637-639.

[128] Lane B, Prusinkiewicz P. Generating spatial distributions for multilevel models of plant communities[C]. Proceedings of the Graphics Interface Conference, Calgary, 2002: 69-80.

[129] Lane B. Models of plant communities for image synthesis[D]. Calgary: University of Calgary, 2002.

[130] 王伯荪, 李鸣光, 彭少麟. 植物种群学[M]. 广州: 广东高等教育出版社, 1995.

[131] 陈兰荪. 数学生态学模型与研究方法[M]. 北京: 科学出版社, 1988.

[132] 周小勇, 黄忠良, 史军辉, 等. 鼎湖山针阔混交林演替过程中群落组成和结构短期动态研究[J]. 热带亚热带植物学报, 2004, 12(4): 323-330.

[133] 彭李菁. 鼎湖山气候顶极群落种间联结变化[J]. 生态学报, 2006, 26(11): 3732-3739.

[134] 张倩媚, 陈北光, 周国逸. 鼎湖山主要林型优势树种间联结性的计算方法研究[J]. 华南农业大学学报, 2006, 27(1): 79-83.

[135] 叶世坚. 木荷人工林大径材林分生长规律的初步研究[J]. 福建林业科技, 1999, 26(4): 49-52.

[136] 赵振洲. 近自然森林经营知识管理系统的研建[D]. 北京: 北京林业大学, 2005.

[137] 苏中原. 支持多级联动的虚拟森林场景数据组织与调度优化方法[D]. 杭州: 浙江工业大学, 2011.

[138] 李必文, 胡松林, 曾宪武. n 种群 Lotka-Volterra 合作生态系统的稳定性[J]. 华中师范大学学报(自然科学版), 2004, 38(1): 18-20.

[139] Berger U, Hildenbrandt H. A new approach to spatially explicit modelling of forest dynamics: Spacing, ageing and neighbourhood competition of mangrove trees[J]. Ecological Modelling, 2000, 132(3): 287-302.

[140] 吴金钟, 刘学慧, 吴恩华. 超量外存地表模型的实时绘制技术[J]. 计算机辅助设计与图形学学报, 2005, 17(10): 2196-2202.

[141] Andreica M I, Dragomir E M, Țăpuș N. Real-time centralized and decentralized out-of-order data transfer scheduling techniques[C]. 9th RoEduNet IEEE International Conference, Sibiu, 2010: 228-233.

[142] 陈传国, 朱俊凤. 东北主要林木生物量手册[M]. 北京: 中国林业出版社, 1989.

[143] 唐守正. 广西大青山马尾松全林整体生长模型及其应用[J]. 林业科学研究, 1991, 4(8): 13-16.

[144] 杨永祥, 张裕农. 森林系统的存在与演化[J]. 西部林业科学, 2008, 37(4): 21-26.

[145] 刘飞. 基于生态系统功能多重属性的森林生态服务提供研究[D]. 杨凌: 西北农林科技大学, 2012.

[146] 樊根耀. 生态环境治理制度研究[D]. 杨凌: 西北农林科技大学, 2002.

[147] 张美华. 中国林业管理体制研究[D]. 重庆: 西南农业大学, 2002.

[148] NVIDIA. CUDA introduction[EB/OL]. http://developer.nvidia.com/cuda-downloads[2007-10-8].

[149] NVIDIA. NVIDIA CUDA compute unified device architecture programming guide version 4.0[EB/OL]. http://developer.nvidia.com/cuda/what-cuda[2012-3-27].

[150] Cederman D, Tsigas P. GPU-quicksort: A practical quicksort algorithm for graphics processors[J]. Journal of Experimental Algorithmics, 2009, 14: 4-24.

[151] Coates K D. Conifer seedling response to northern temperate forest gaps[J]. Forest Ecology and Management, 2000, 127(1-3): 249-269.

[152] 闫家年, 陈文光, 郑纬民. 面向结构体数据布局优化的高效内存管理[J]. 清华大学学报(自然科学版), 2011, 51(1): 68-72.

[153] 肖君. 林分生长与收获模型的研究现状与发展趋势[J]. 林业勘察设计, 2007, (1): 7-10.

[154] 马丰丰, 贾黎明. 林分生长和收获模型研究进展[J]. 世界林业研究, 2008, 21 (3): 21-27.

[155] Remolar I, Chover M, Belmonte O, et al. Geometric simplification of foliage[C]. Proceedings of Eurographics 2002—Short Resentations of Rendering of Natural Phenomena, Saarbrücken, 2002: 397-404.

[156] Zhang X P, Blaise F. Progressive polygon foliage simplification[C]. Proceedings of the International Symposium on Plant Growth Modeling, Simulation, Visualization and their Applications, Beijing, 2003: 182-193.

[157] Itti L, Koch C. A saliency-based search mechanism for overt and covert shifts of visual attention[J]. Vision Research, 2000, 40 (10-12): 1489-1506.

[158] 王岩. 视觉注意模型的研究与应用[D]. 上海: 上海交通大学, 2012.

[159] 马儒宁, 涂小坡, 丁军娣, 等. 视觉显著性凸显目标的评价[J]. 自动化学报, 2012, 38 (5): 870-876.

[160] Lee J, Kuo M C, Kuo C C J. Enhanced 3D tree model simplification and perceptual analysis[C]. IEEE International Conference on Multimedia and Expo, New York, 2009: 1250-1253.

[161] Lee J, Kuo C C J. Fast and flexible tree rendering with enhanced visibility estimation[C]. IEEE International Symposium on Multimedia, Berkeley, 2009: 452-459.

[162] Lee J, Kuo C C J. Tree model simplification with hybrid polygon/billboard approach and human-centered quality evaluation[C]. IEEE International Conference on Multimedia and Expo, Singapore, 2010: 932-937.

[163] Westphal V, Rollins A M, Radhakrishnan S, et al. Correction of geometric and refractive image distortions in optical coherence tomography applying Fermat's principle[J]. Optics Express, 2002, 10 (9): 397-404.

[164] Cook R L, Halstead J, Plank M, et al. Stochastic simplification of aggregate detail[J]. ACM Transactions on Graphics, 2007, 26 (3): 79.

[165] Yu B, Liu H, Wu J. A method for urban vegetation classification using airborne LiDAR data and high resolution remote sensing images[J]. Journal of Image and Graphics, 2010, 15 (5): 782-789.

[166] Mongus D, Žalik B. An efficient approach to 3D single tree-crown delineation in LiDAR data[J]. ISPRS Journal of Photogrammetry & Remote Sensing, 2015, 108: 219-233.

[167] Gupta S, Koch B, Weinacker H. Tree species detection using full waveform LiDAR data in a complex forest[C]. ISPRS TC VII Symposium—100 Years ISPRS, Vienna, 2010: 249-254.

[168] Wallace L, Lucieer A, Watson C S. Evaluating tree detection and segmentation routines on very high resolution UAV LiDAR data[J]. IEEE Transactions on Geoscience and Remote Sensing, 2014, 52(12): 7619-7628.

[169] Liu T, Im J, Quackenbush L J. A novel transferable individual tree crown delineation model based on fishing net dragging and boundary classification[J]. ISPRS Journal of Photogrammetry and Remote Sensing, 2015, 110: 34-47.

[170] Zhen Z, Quackenbush L J, Stehman S V, et al. Agent-based region growing for individual tree crown delineation from airborne laser scanning(ALS)data[J]. International Journal of Remote Sensing, 2015, 36(7): 1965-1993.

[171] Paris C, Bruzzone L. A three-dimensional model-based approach to the estimation of the tree top height by fusing low-density LiDAR data and very high resolution optical images[J]. IEEE Transactions on Geoscience and Remote Sensing, 2015, 53(1): 467-480.

[172] 杜灵通. 基于数字树冠高度模型(DCHM)的森林生物量制图[J]. 测绘科学, 2012, 37(1): 96-97.

[173] Tochon G, Féret J B, Valero S, et al. On the use of binary partition trees for the tree crown segmentation of tropical rainforest hyperspectral images[J]. Remote Sensing of Environment, 2015, 159: 318-331.

[174] Lewis J P. Fast normalized cross-correlation[J]. Vision Interface, 1995, 10(1): 120-123.

[175] Arrowsmith J R, Crosby C, Conner J. Notes on LiDAR interpolation[R]. Phoenix: Arizona State University, 2006.

[176] Duda R O, Hart P E. Pattern Classification and Scene Analysis[M]. New York: Wiley, 1973.

[177] NEWFOR Alpine Space Programme. European territorial cooperation 2007–2013[EB/OL]. http://www.alpine- space.eu/projects/detail/NEWFOR/show/[2015-1-20].

[178] Eysn L, Hollaus M, Lindberg E, et al. A benchmark of LiDAR-based single tree detection methods using heterogeneous forest data from the alpine space[J]. Forests, 2015, 6(12): 1721-1747.

[179] Monnet J M, Mermin E, Chanussot J, et al. Tree top detection using local maxima filtering: A parameter sensitivity analysis[C].10th International Conference on LiDAR Applications for Assessing Forest Ecosystems, Beijing, 2010: 1-9.

[180] Olofsson K, Hagner O. Single tree detection in high resolution satellite images and digital aerial images using artificial neural network and geometric-optical model[C]. Proceedings of International Workshop 3D Remote Sensing in Forestry, Vienna, 2006: 14-15.

[181] 杨芙清, 梅宏, 黄罡. 构件化软件设计与实现[M]. 北京: 清华大学出版社, 2008.

[182] 计算机软件构件复用属性规范 [EB/OL]. http://www.sawin.cn/doc/Document/DocCase/blueskill26.htm[2010-12-23].

[183] Garlan D, Monroe R, Wile D. ACME: An architecture description interchange language[C]. Proceedings of the Conference of the Centre for Advanced Studies on Collaborative Research, Toronto, 1997: 159-173.

[184] 范菁, 嵇海锋, 汤颖, 等. 一种基于 GPU 加速的多分辨率大规模森林演替过程仿真方法: CN102646261A[P]. [2012-8-22].